# 尾矿库安全与应急管理

## 致因分析、预测模型与防控对策

**Safety and Emergency Management of Tailings Ponds:
Cause Analysis, Prediction Model,
and Prevention – Control Measures**

郑彬彬　著

U0189372

中国科学技术出版社

·北　京·

**图书在版编目（CIP）数据**

尾矿库安全与应急管理：致因分析、预测模型与防控对策 / 郑彬彬著 . -- 北京：中国科学技术出版社，2024. 11. -- ISBN 978-7-5236-1132-6

Ⅰ . TD926. 4

中国国家版本馆 CIP 数据核字第 2024L45V42 号

| | | | |
|---|---|---|---|
| **策划编辑** | 徐世新 | **责任编辑** | 向仁军 |
| **封面设计** | 麦莫瑞文化 | **版式设计** | 麦莫瑞文化 |
| **责任校对** | 张晓莉 | **责任印制** | 李晓霖 |

| | |
|---|---|
| 出　　版 | 中国科学技术出版社 |
| 发　　行 | 中国科学技术出版社有限公司 |
| 地　　址 | 北京市海淀区中关村南大街 16 号 |
| 邮　　编 | 100081 |
| 发行电话 | 010-62173865 |
| 传　　真 | 010-62173081 |
| 网　　址 | http://www.cspbooks.com.cn |

| | |
|---|---|
| 开　　本 | 787mm×1092mm　1/16 |
| 字　　数 | 173 千字 |
| 印　　张 | 10.75 |
| 版　　次 | 2024 年 11 月第 1 版 |
| 印　　次 | 2024 年 11 月第 1 次印刷 |
| 印　　刷 | 河北鑫玉鸿程印刷有限公司 |
| 书　　号 | ISBN 978-7-5236-1132-6/TD・55 |
| 定　　价 | 98.00 元 |

# 前　　言

尾矿库是金属非金属矿山必备的生产设施和环保设施，其复杂的结构特征和服役环境，使其成为具有高势能的人造泥石流危险源，一旦发生事故将对下游居民的生命财产安全和周围环境造成严重危害。为有效预防尾矿库事故发生，提升安全管理水平，本书综合运用文本挖掘、复杂网络和人工智能等多种研究方法，深入剖析了尾矿库事故致因因素、关联关系和演化路径，构建了考虑多因素耦合作用的尾矿坝变形预测模型，并系统总结了尾矿库安全风险防控对策和应急处置方法，丰富、完善了尾矿库安全风险防控与应急管理体系，对全面提升尾矿库安全水平具有重要的指导价值。

主要工作和取得成果如下：

（1）收集 1960 年至 2023 年全球尾矿库事故信息，对尾矿库事故发生时间、地点、矿石品类、坝高及筑坝方式进行分析。研究发现尾矿库事故从 20 世纪 90 年代起逐渐转向发展中国家，且多发生于金矿和铜矿尾矿库。另外，76.6% 事故发生在 30m 及 30m 以下尾矿库，采用上游法建造的尾矿库事故概率高达 71.6%。因此，要加强对中小型尾矿库和上游法建造尾矿库的安全管理。

（2）通过构建尾矿库事故词典，运用文本挖掘技术对尾矿库风险致因进行全面、精准地挖掘。其中，降雨、排洪系统受损、库水位高、坝体液化、坝体稳定性差、施工质量差、安全管理不到位等事故致因出现的频率最高，溃坝是尾矿库最常发生的事故类型，并将致因归纳为"人—物—环—管"四大类。

（3）采用 Apriori 算法对尾矿库事故致因进行关联分析，通过设置最小支持度、最小置信度和提升度，共得到 172 条强关联规则，并对所有关联规则进行可视化展示，溃坝的度值最大，与其相关的事故致因中排洪系统受损、库水位高、降雨的度值较大，应作为尾矿库安全管理人员重点关注对象。

（4）依据尾矿库事故致因和关联规则，确定了贝叶斯网络的节点和网络结构，采用 GeNIe 4.0 Academic 软件对网络结构进行参数学习，构建了尾矿库事故贝叶斯网络结构，对尾矿库事故进行敏感性分析和演化路径分析。敏感性较高的因素有排洪系统受损、坝体稳定性差、库水位高、坝体破裂、干滩长度不足、施工质量差这 6 个。管理因素中以安全管理不到位为事故源头，人为因素中以施工质量差、违章作业、安全意识差为源头，环境因素中以降雨和地震为事故源头，开展事故致因演化路径分析，并得到 4 条关键路径："安全管理不到位→违章作业→超量或超速排放尾矿→干滩长度不足→坝体稳定性差→尾矿库事故""安全管理不到位→违反设计或规范施工→施工质量差→排洪系统受损→尾矿库事故""降雨→排洪设施能力不足→库水位高→尾矿库事故""地震→坝体液化→坝体破裂→尾矿库事故"。最后，根据分析结果提出防控对策，以期降低尾矿库事故发生的概率。

（5）构建了融合环境影响因素的尾矿坝变形预测指标体系，提出了融合随机森林、麻雀搜索优化算法和长短期记忆神经网络的预测方法，构建了基于 RF – SSA – LSTM 的尾矿坝变形预测模型，通过实际工程数据验证，该模型在预测精度和鲁棒性上均表现优异。

（6）基于尾矿库事故案例分析结果，从"物—管—人—环"四个层面系统总结了尾矿库安全风险防控对策，从应急准备、应急响应、善后恢复、应急保障四个方面提出了尾矿库事故应急机制，并根据常见的尾矿库事故类型，总结归纳出对应的应对措施，为尾矿库灾害防控提供理论支撑。

在这个充满挑战与机遇的时代，安全不再是单一领域的责任，而是全社会共同参与的使命。让我们携手并进，在理论与实践的结合中不断突破，以科学的态度和创新的精神，为尾矿库的安全运行保驾护航，为子孙后代留下一个更加绿色、健康、安全的地球家园。本书只是一个开始，愿它能成为一盏明灯，照亮我们前行的道路，带领我们迈向更加辉煌的明天。

# 目　　录

# 第 *1* 章

## 绪 论

## 1.1 研究背景

矿业是国民经济的重要支柱产业之一，为国家经济建设提供了能源和原材料。矿产资源开采过程中，经选矿厂选出有用组分后，产生的类似泥沙的"废渣"，称为尾矿。人工构造的用来堆存尾矿的设施，称为尾矿库。尾矿库是金属非金属矿山重要的生产设施和环保设施，其复杂的结构特征和服役环境，使其成为具有高势能的人造泥石流危险源。根据美国克拉克大学（Clark University）公害评定小组的评定的研究结果，在全球 93 种事故、公害隐患中，尾矿库事故排名第 18 位，仅次于核辐射、核爆炸等危害[1-3]。尾矿库已列为我国安全生产的 9 个重大危险源之一，一旦发生事故，损失之巨、影响之大令人震惊。2008 年山西省襄汾新塔矿业公司发生尾矿库溃坝事故，造成 277 人死亡，直接经济损失 9619.2 万元；2015 年巴西丰当（Fundão）尾矿库发生溃坝事故，泄漏约 3200 万 $m^3$ 尾矿，污染了 650km 河流，后又汇入大西洋，造成大量生物死亡，并污染了水源；2020 年黑龙江伊春鹿鸣尾矿库泄漏事故，导致 13000 余亩（约870hm$^2$）农田和林地、340 余 km 河道受污染。更多典型尾矿库灾害事故如图 1.1 所示。

学者 Lemphers 对全球范围内 3500 多座尾矿库进行详细的统计分析，发现每年有 2~5 座尾矿库发生重大溃坝事故，事故发生率是传统水坝事故的 10 倍以上，且尾矿库含有有害物质，潜在的危害性更大[4]。通过收集、整理尾矿库事故资料可知，自 1960 年以来，美国、加拿大、智利、中国等全球各个国家共发生 300 余起尾矿库事故，如图 1.2 所示。分析发现，尾矿库事故主要发生在亚洲和美洲，其中亚洲尾矿库事故主要发生在中国、缅甸和菲律宾等国家，缅甸的尾矿库事故主要发生于 2010 年后，且事故中的矿类主要以玉石为主；北美洲尾矿库事故主要发生在美国和加拿大等国家，且美国和加拿大在 2000 年前发生的事故较多，主要原因是 2000 年前发达国家经济快速发展，对矿石需求较大；南美洲尾矿库事故主要发生在智利和巴西等国家，智利的尾矿库事故大部分由地震导致。国内外部分典型尾矿库事故见表 1.1。

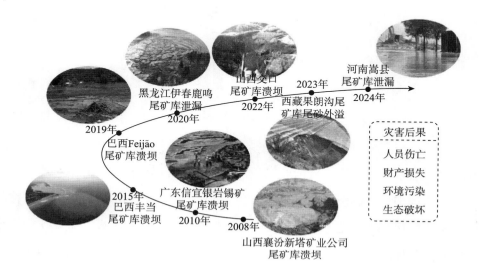

图 1.1　典型尾矿库灾害事故

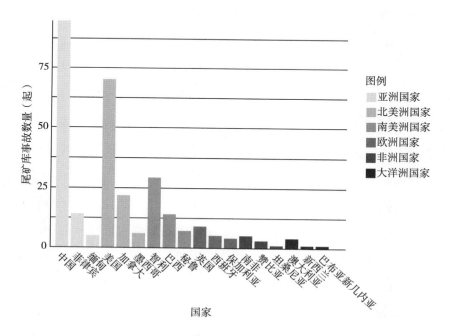

图 1.2　全球部分国家尾矿库事故数量

表 1.1　部分尾矿库事故

| 年份 | 尾矿库名称 | 矿石品类 | 事故原因 | 影响范围 |
|---|---|---|---|---|
| 1962 | 云南火谷都尾矿库 | 锡 | 洪水漫顶 | 11 个村寨及 1 座农场被毁，263 人伤亡 |
| 1965 | 智利圣地哥亚以北尾矿库 | 铜/石灰石 | 地震 | 270 人死亡 |
| 1972 | 美国 Baffalo Creek 尾矿库 | 煤 | 洪水漫顶 | 125 人死亡 |
| 1985 | 湖南牛角垅尾矿库 | 磷 | 洪水漫顶 | 冲毁房屋 39 栋，49 人死亡，直接经济损失 1300 多万元 |
| 1986 | 安徽黄梅山铁矿金山尾矿库 | 铁 | 渗流破坏 | 19 人死亡，95 人受伤 |
| 1988 | 江西东乡铜矿尾矿库 | 铜 | 尾砂泄漏 | 尾砂泄漏 54649m³ |
| 1994 | 湖北龙角山尾矿库 | 铁 | 洪水漫顶 | 26 人死亡，2 人失踪 |
| 1997 | 美国 Pinto Valley 尾矿库 | 铜 | 坝体失稳 | 尾矿泄漏 23 万 m³ |
| 2000 | 广西鸿图选矿厂尾矿库 | 锡 | 坝体失稳 | 28 人死亡，56 人受伤 |
| 2003 | 智利 Cerro Negro 尾矿库 | 铜 | 地震 | 尾矿泄漏 5 万吨，污染河流 20km |
| 2008 | 山西襄汾 980 平硐尾矿库 | 铁 | 渗流破坏 | 277 人死亡，直接经济损失 9619.2 万元 |
| 2014 | 加拿大 Polley 尾矿库 | 铜、金 | 尾砂泄漏 | 泄漏约 2500 万 m³ 尾矿及废水 |
| 2015 | 巴西丰当尾矿库 | 铁 | 结构性问题 | 泄漏约 3200 万 m³ 尾矿，污染 650km 河流并汇入大西洋 |
| 2019 | 巴西 Feijão 尾矿库 | 铁 | 坝体失稳 | 超过 250 人死亡 |
| 2020 | 黑龙江伊春鹿鸣尾矿库 | 钼 | 尾砂泄漏 | 泄漏 232 万～245 万 m³ 尾矿 |

　　我国尾矿库数量多、规模小，据廖国礼教授公开报告，我国目前有 6731 座尾矿库，其中最大的尾矿库库容高达 8.35 亿 m³，最大坝高 325m。一、二等尾矿库共有 208 座；三等尾矿库数量为 820 座；四、五等尾矿库 5689 座。其中，头顶库共有 909 座（头顶库指下游 1km 范围内有居民或重要设施的尾矿库）[5]，且大多数安全生产状态处于较低水平，对以往尾矿库事故致因认识不足，安全管理措施不到位，具有较多隐患。我国尾矿库事故省级分布如图 1.3 所示。鉴于此，相关部门应加强对中小型尾矿库安全管理力度，以有效防止尾矿库事故的发生。

　　尾矿坝变形过程复杂，且受多种因素耦合影响，现有的尾矿坝变形预测体系和模型难以实现对变形的高精度预报，导致在变形严重且未及时采取维护措施的情况下诱发溃坝事故。随着智能算法和大数据技术的不断发展，人工智能模型不断涌现，高维数据处理能力不断提升，为构建高精度尾矿坝变形预测模型提供技术保障。相关部门出台一系列政策措施，如 2020 年应急管理部等八部委联合印发的《防范化解尾矿库安全风险工作方案》，2020 年国家市场监督管理总局和国家标准化管理委员会联合发布的《尾矿库安全规程》（GB 39496—2020）以及 2021 年国家矿山安全监察局发布的《"十四五"矿山安全生产规划》，均将运用新一代信息技术推动尾矿库生产安全风险管控与防灾减灾作为重点工作任务。然而，目前尾矿坝变形监测数据利用率不高，预警模型中也未考虑多因素耦合关系，致使坝体变形监测智能水平和精准程度仍存在不足。

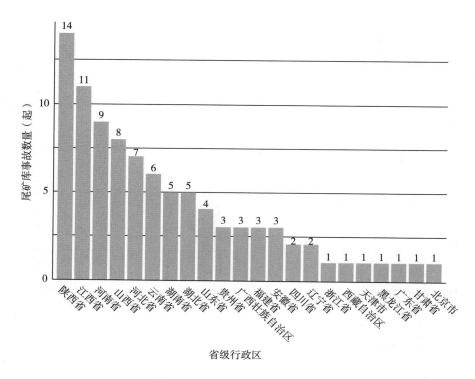

**图 1.3　中国尾矿库事故分布图**

本书综合运用文本挖掘、复杂网络和人工智能等多种研究方法，收集了 1960 年至 2023 年全球尾矿库事故数据，深入剖析了尾矿库事故致因、关联关系和演化路径，构建了考虑多因素耦合作用的尾矿坝变形预测模型，并系统总结了尾矿库安全风险防控对策和应急处置方法，丰富完善了尾矿库安全风险防控与应急管理体系，对防范化解尾矿库安全风险具有重要价值和现实意义，也是推动尾矿库智能化建设，促进安全管理模式转型的重要举措。

## 1.2　研究意义

尾矿库安全事故的发生是由多种因素耦合作用引起的，且因素间关系较为复杂，为尾矿库安全生产带来巨大隐患。因此，本书以尾矿库事故为研究对象，通过系统地收集尾矿库事故数据并进行统计分析，旨在挖掘尾矿库事故的内在规律，通过运用文本挖掘技术，有效识别了尾矿库事故致因，并运用关联规则和贝叶斯网络相结合的方法探索尾矿库事故的演化路径，以提升尾矿库的安全管理水平。本书的研究意义主要有以下三点：

1. 阐明尾矿库事故致因及演化机理，丰富尾矿库安全风险理论

本书采用多方法集成构建一种新的基于尾矿库事故风险致因识别及挖掘其关联关系的模型，充分利用尾矿库事故数据背后隐藏的潜在价值信息，推进从数据向知识的有效转化过程，减少人为判断的影响，实现从依赖传统经验向基于数据挖掘的智慧决策的重大转变，不仅极大丰富和完善尾矿库安全风险管理理论与方法，而且为尾矿库安全管理提供了科学、精准的决策支持。

2. 建立考虑多因素耦合的尾矿坝变形预测模型，提高变形预测精度

在传统尾矿坝变形预测基础上，通过考虑内部和环境等因素，例如温度、降雨、相对湿度和风向等对尾矿坝变形的影响，建立了系统性的尾矿坝变形预测指标体系，筛选出了尾矿坝变形的重要影响因素和宏观安全指标，基于深度学习建立动态预测模型，增强监控尾矿坝运行稳定能力。

3. 完善尾矿库安全事故防控对策，提高安全管理水平

对尾矿库安全管理人员而言，本书的研究意义体现在所形成的知识能够为尾矿库安全生产提供有效指导，提升安全管理效率。通过对事故致因及致因间关联关系的充分挖掘，全面分析了影响尾矿库安全的敏感因素、事故源头和演化路径，从人、物、环、管四个层面提出对策建议。有助于管理人员快速找到事故原因，将传

统的尾矿库安全管理模式转变为注重事前预判和主动防范的前瞻性管理，对提升尾矿库管理水平具有重要意义。

# 1.3 国内外研究现状

## 1.3.1 尾矿库安全风险研究现状

尾矿库是一项复杂的工程系统，其安全性受到多种因素的影响，如人的不安全行为、物的不安全状态、管理疏漏和外部自然环境等均可导致尾矿库事故的发生。郑欣等[6]提出滑坡、坝体地震液化、洪水漫顶、渗流破坏等是诱发尾矿库事故的主要因素。杨丽红等[7]通过对比国内外一系列尾矿库事故的主要因素，揭示了导致尾矿坝溃坝的规律特点，为完善尾矿库的安全管理实践具有重要的参考价值和实际意义。部分学者[8,9]将事故树分析法引入尾矿库溃坝事故研究工作中，清晰地刻画了导致事故的各种因素间的逻辑及因果关系。吴宗之和梅国栋[10]通过对全球范围内160起尾矿库事故进行统计分析，得出溃坝事故主要有渗透破坏、洪水漫顶、浸润线过高、坝坡过陡、坝体上升速度过快、地震液化6种类型，其中渗透破坏和洪水漫顶是尾矿库溃坝的主要原因，并进一步采用鱼刺图分析方法，探究了尾矿库溃坝演化路径及其深层次成因。肖容等[11]提出了模糊 DEMATEL – ISM 模型，将尾矿库事故因素分为直接原因、根本原因和间接原因。赵怡晴等[12]提出了一种基于过程——致因网格法全面覆盖尾矿库建设、运行、闭库、复垦生命周期的隐患及事故主要影响因素的识别方法，系统地梳理并深入分析了导致尾矿库安全隐患形成及事故发生的主要因素。

在对尾矿库事故影响因素进行研究之后，如何建立模型对尾矿库进行风险评价成为亟待关注的热点。Salgueiro 等[13]针对地中海尾矿库事故展开了研究，运用 e – EcoRisk 数据库统计中事前与事后的相关数据，对尾矿库溃坝进行了风险评估。Ozcan 等[14]综合运用地质实验及极限平衡法、数值模拟法等对加高之后的坝体静态、动态稳定性进行评价。有诸多学者运用层次分析法[15]、熵权法[16]、模糊综合评价法[17]和集对分析法[18]等传统方法，对尾矿库进行全面风险评价。Zheng 等[19]通过分析国内外尾矿坝事故案例，建立了尾矿坝稳定性评价指标体系，并运用集对分析法对尾矿坝稳定性进行了有效评估。柯丽华等[20]为客观处理尾矿库安全等级信息的随机性和模糊性，建立了 Spearman – EAHP 的变权非对称灰云聚类模型。黄德铺等[21]基于 WSR 理论从尾矿库运行的稳定性、人员和设计等因素建立尾矿库风险评价指标体系，并提出运用博弈组合赋权 – 云模型的方法对尾矿库风险等级进行划分。姜洲等[22]基于云模型和 D – S 证据理论构建了尾矿库失稳溃坝预警评价模型。Dai 等[23]将改进的云模型理论引入铀尾矿库安全稳定评价模型中，为减少铀尾矿库溃坝事故做出了贡献。以上文献未能考虑指标因素间的相互影响。陈虎等[24]通过综合 ISM 和因素频次法，构建了一种尾矿库溃坝风险分级方法，该方法能够表征各因素之间的关联方式，进而实现对尾矿库溃坝风险的多层次、多维度评价。阳雨平等[25]为充分考虑指标因素之间的相互影响关系，基于因子交互作用矩阵和未确知测度理论构建了尾矿库安全等级评价模型。

事故的发生不是单因素作用的结果，而是多个因素耦合作用的结果。现有研究大多集中于风险评价模型，对事故隐患传递的研究较少，难以反映事故的发生和发展过程。因此，对事故的演化过程有待进一步研究。崔旭阳等[26]为解决尾矿库风险动态变化难以预测这一问题，将评价指标划分为动态指标和静态指标，运用嵌入时间权重和指标权重的动态贝加权贝叶斯网络模型对不同降雨持续时间的尾矿库溃坝风险进行推理，实现了尾矿库溃坝风险演化动态评估。戴剑勇等[27]从漫顶溃决、失稳溃决、渗流破坏、结构破坏和管理因素 5 个方面构建了尾矿库安全风险评价指标体系，并运用云模型理论判断各指标的风险等级，最后通过复杂网络模型得到尾矿库溃坝中的关键隐患。Li 等[28]根据尾矿库的实际地形和回填堆存现状建立了三维模型，并通过数值模拟的方法分析了尾矿库溃坝的空间演变过程。Zheng 等[29]基于人员、管理、环境和系统四方面构建了尾矿库溃坝风险评价指标体系，并运用 DEMATEL – MISM 建立了尾矿库溃坝风险演化模型。陈聪聪等[30]通过收集大量国内外尾矿库事故案例，运用文本挖掘技术和关联规则挖掘算法，探究了尾矿库隐患因素之间的关系。张媛媛和杨凯[31]基于全生命周期理论构建了尾矿库溃坝风险系统动力学模型，揭示了尾矿库溃坝的风险演化过程。赵怡晴等[32]通过将复杂网络和系统动力学结合，能够有效地表征尾矿库溃坝事故演化的时空规律。覃璇等[33]在此基础上发现了尾矿库风险演化的特性和规律，找到关键隐患并提出尾矿库风险消减策略。甄智鑫[34]提出了基于证据的三维事故隐患辨识框架，旨在精确辨识尾矿库事故隐患，并运用复杂网络理论和三维风险表征方法，对尾矿库事故隐患演化规律和事故风险表征进行深入研究。

传统的尾矿库风险因素识别具有较强的主观性，随着信息技术和物联网技术的不断发展，当前已有研究将机器学习、数据挖掘、深度学习等前沿技术应用于安全风险研究领域，但仍处于初步发展阶段。

## 1.3.2 尾矿库事故致因挖掘与分析研究现状

世界上超过80%的信息以文本形式储存，而文本挖掘主要指从非结构化文本中提取隐藏、重要信息和知识的过程[35]。Feldman 和 Dagan[36]首先将文本挖掘视为一种用于文本知识发现（KDT）的技术，针对通常涵盖规模庞大、噪声干扰大、非结构化的社交媒体数据。随后，许多学者对文本挖掘技术进行了研究和改进。Sakurai 和 Suyama[37]提出基于文本挖掘技术的电子邮件分析方法，并将该方法应用于产品分析任务、内容分析任务和地址分析任务，证明了该方法的有效性。Hung 等[38]将注意力概念与传统搜索方法相结合，运用面向用户、基于时间和注意力的知识开发自适应文本挖掘模型，解决了现有关键词搜索引擎不足的问题，提高了用户的满意度。Marchi 等[39]基于文本挖掘方法，深入了解 10 个欧洲旅游城市如何进行可持续传播，通过定义和测量与存在、深度和分散相关的具体指标，对这些城市的在线可持续发展交流进行了评估。近年来国内外学者对文本挖掘技术的相关研究逐渐增多，该技术广泛应用于情感分析[40,41]、自动化技术[42,43]、医学[44,45]等方面。

基于文本挖掘的特点和传统的信息检索无法揭示事故潜在的风险，部分学者将文本挖掘技术应用于安全生产领域。例如，杨炼卿等[46]运用文本挖掘技术和 K - means 聚类算法将我国西南地区典型的暴雨 - 地质灾害案例进行文本聚类分析，归纳应急任务集，并利用 Apriori 算法和 Gephi 软件分析应急任务要素之间的关系，为制定或完善应急救援行动方案提供参考。Raviv 等[47]运用文本挖掘技术和 K - Means 聚类算法，对 212 起塔式起重机事故进行分析，研究结果表明，技术故障是塔式起重机领域最危险的风险因素。Zhong 等[48]针对通常使用非结构化或半结构化自由文本形式记录的现场检查危险数据，利用文本挖掘和深度学习技术，构建一种能够自动分析危险记录的模型。岑康等[49]基于某管道燃气公司近十年埋地钢制燃气管道失效记录，利用数理统计方法分析了总体失效趋势和失效特征，并御用文本挖掘技术提取 26 个潜在失效致因。吴伇等[50]选取 419 起船舶碰撞事故报告，运用文本挖掘技术获得 33 个船舶碰撞风险因素，并运用贝叶斯网络反向推理法确定事故致因中人为因素是首要因素。李解等[51]运用文本挖掘技术对地铁施工安全事故进行分析，共得到 29 想事故致险因素，其中有 6 项关键致险因素。Liu 和 Yang[52]为厘清影响铁路安全风险因素和传播路径，引入并优化文本挖掘技术中的文本增强算法，建立了铁路安全风险知识图谱，为铁路风险防范提供思路。Xu 等[53]利用文本挖掘技术从 221 份事故报告中挖掘地铁安全风险因素，并通过信息熵和词频的结合评估安全风险因素的重要性，最终确定出 37 个安全风险因素。部分学者将文本挖掘技术和复杂网络相结合，例如，郑彬彬等[54]系统分析了影响城镇燃气安全的事故致因及其关联性；Qiu 等[55]探索论文煤矿事故致因机制，为从事故报告中识别事故致因及其复杂的相互作用机制提供了新思路。Tan 等[56]将文本挖掘技术、深度学习、可视化技术相结合，实现了对煤矿生产过程中海量隐患文本数据的知识挖掘，提高了文本处理的效率。Li 等[57]运用改进的文本挖掘技术对 726 份煤矿安全事故报告进行挖掘，共识别出 78 个安全风险因素，并利用关联规则和贝叶斯网络相结合的方法，构建了贝叶斯网络模型，最终明确了煤矿安全生产的六大风险因素及其关联因素。

文本挖掘技术已被广泛应用于事故原因的研究，可以更好地了解造成事故的原因，提高事故预测准确性[58]。与传统的风险因素识别方法相比，文本挖掘技术有效避免了风险因素识别主观性强、工作量大、时间成本高和识别不完整的缺点。文本挖掘技术在安全领域的应用进行了一定的研究探索，因此，本书采用文本挖掘技术，结合尾矿库事故案例特点，对其进行风险因素的挖掘。

贝叶斯网络又称信念网络、贝叶斯信念网络，有时也称因果概率网络，是一种对多个变量之间不确定复杂关系进行建模的方法，是处理不确定性问题的常用模型，能够基于先验的知识基础，结合观测数据和事件状态，对其特定的事件进行预测和推理[59,60]。Ulak 等[61]使用贝叶斯网络结构学习方法识别错综复杂的交通网络延误模式。Romessis 和 Mathioudakis[62]通过对喷气发动机的诊断问题和诊断程序描述，根据发动机性能模型建立了贝叶斯信念网络。Sutrisonwati 和 Bae[63]通过考虑港口物流集装箱卸货、装货、码头起重机、堆场起重机等活动和设备之间高度依赖的因素，利用分解端口管理系统中事件日志生成的依赖关系图构建贝叶斯网络，以及用于分析港口物流延迟的概率。Aghaabbasi 等[64]采用了随机森林和贝叶斯网络相结合的方法，对马来西亚一所公立大学学生乘坐网约车的动机和频率进行了研究，发现学生的上学年龄、搭乘网约车的安全感、休闲时外出时间和步行距离内周边购物设施是影响大学生乘坐网约车的重要因素。

在安全生产领域，贝叶斯网络的单独使用往往对事故进行全面分析，因此，通常将其与其他方法结合使用。李静文等[65]从总承包商角度出发，通过采集安全数据建立评价指标体系，基于熵权法和贝叶斯网络对装配式建筑施工过程中的安全风险因素进行风险评估、定量分析概率预测。Yu 等[66]基于多维影响因素建立了列车控制系统组件弹性的定量函数，并构建了多维连续时间贝叶斯网络模型，对列车控制系统进行弹性评估，结果表明，除时间因素外，列车控制系统的弹性还受人为因素和环境因素的影响。赵振武和贾朋霖[67]首先根据旅客的历史背景、面部情绪、异常行为建立风险评价指标，然后根据旅客风险评价指标，通过融合改进 D - S 理论和贝叶斯网络的方法对旅客进行风险评估。Domeh 等[68]提出了一种态势感知模型，整合了捕鱼事故信息和渔民对风险因素的认识，利用贝叶斯网络开发了一个用于检测小型渔船船上安全的风险监测模型，为小型渔船操作者提供了一种操作风险意识工具，确保其安全出行。Sahin 等[69]为对海平面上升引起的海岸侵蚀进行概率预测和评估适应措施的影响，开发了贝叶斯网络与地理信息系统相结合的综合方法。王军武和陆超[70]通过决策与评价试验法和解释结构模型对提取出的风险因素进行内在关联和层次结构分析，并建立贝叶斯网络模型，实现对装配式建筑工程吊装事故风险传递的深层次研究，结果表明，环境扰乱是吊装事故的初始事件，部件故障是安全事故发生的直接原因。为降低城市商业综合体火灾事故风险，秦荣水等[71]依据火灾事故演化路径，将模糊理论与贝叶斯网络相结合，构建模糊贝叶斯网络模型，以期为城市商业综合体火灾风险管理决策提供技术支持。由于危险化学品事故发生路径具有不确定性和动态性，张江石和冯娜娜[72]基于外部环境、事件情景、应急处置 3 类情景要素，结合动态贝叶斯网络构建情景推演模型，解决了处理危险化学品事故中的应急处置问题。瞿英等[73]基于 86 份燃气管道事故调查报告建立故障树模型，将其风险隐患与事故之间的映射转换为贝叶斯网络结构，并引入三角模糊数和概率分配，根据贝叶斯网络的证据推理原理预测事故的发生概率。Chen 等[74]为了解决质子交换膜燃料电池存在氢气泄漏的安全问题，根据燃料电池组件失效导致氢气泄漏的演变过程，建立了故障树评估模型，并将其映射到贝叶斯网络上，通过引入 Noisy – OR gate 解决贝叶斯条件概率获取的难题，通过敏感性分析，确定了燃料电池组件失效是导致氢气泄漏的关键因素。梁卫征等[75]首先通过主成分分析对数据进行预处理，然后通过隐马尔可夫与贝叶斯网络相结合的方法，对带钢热连轧领域故障的根本原因进行准确诊断和路径识别。

贝叶斯网络具备良好的因果推理能力和处理不确定性信息的优势，已广泛应用于安全生产领域，在事故原因分析方面具有较强的实用性。因此，本书基于尾矿库事故的发生机理，建立贝叶斯网络模型，以期降低尾矿库事故的发生率。

## 1.3.3　尾矿坝安全监测研究现状

尾矿库在线监测是尾矿库安全风险感知的重要手段，在线监测系统一般包括位移、渗流、水位等安全指标，以及扬尘、地表水、地下水等环境指标[76]。2020 年应急管理部等八部委联合印发的《防范化解尾矿库安全风险工作方案》明确提出，尾矿库企业要建立完善在线安全监测系统。尾矿库在线监测系统充分运用传感器、物联网、大数据等技术，对尾矿库各监测指标和运行状态进行实时监控，如图 1.4 所示，有效降低事故发生的概率，提高了尾矿库安全生产管理水平与风险防控能力。袁子清等提出渗流反推法用于尾矿库干滩长度的安全监测[77]。崔春晓等运用全球导航卫星系统（GNSS）在线监测技术，综合分析边坡变形监测数据，对边坡的安全状态及稳定性进行评价[78]。李爱陈等结合 GPS 卫星定位、互联网通信和计算机三大技术，构建了露天边坡 GPS 实时在线动态监测系统[79]。这些检测技术有精度高、适应能力强及结构简单等特点，但属于单点式监测，只对固定地点进行监测，难以实现全方位异常情况监测[80]。

在常规监测手段的基础上，国内外学者也在不断探索高密度电阻率法[81]、声发射技术[82]、航天飞机雷达[83]、无人机遥感技术[84]、无人机摄影测量[85]等新技术用于尾矿库浸润线、坝体变形等的监测和分析，促进尾矿库监测体系的发展。尾矿库在线监测需要稳定可靠的数据传输作为支撑，陈凯等研究了监测系统防护、分布式供电、混合式 Mesh 网络通信等技术，保障极端气象条件下的数据稳定获取[86]。王利岗等基于 ZigBee 无线传感技术设计了具有自愈、自组网能力的在线监测系统，以提高系统运行稳定性[87]。尾矿库监测数据为坝体稳定性分析提供了数据支撑，王飞跃等在深入剖析尾矿坝浸润线影响因素的基础上，建立了浸润线叠加影响函数，归纳出与尾矿坝坝体特征相关的阶段影响因子[88]。李全明提出了尾矿库上覆排土场工程危险有害因素的辨识方法，利用图像处理技术分析了尾矿库上修建排土场工程的隐蔽工程质量[89]。崔博等发现强降雨作用下排土场非饱和带中的孔隙气压力会阻碍散土体的雨水入渗[90]。

**图 1.4　尾矿库在线监测系统测点布置**

我国尾矿库安全监测逐步实现了从人工向自动化信息化的发展，基于布设的传感器所采集的数据，已构建出大数据环境，通过数据比对可获得坝体变形、渗流场、水位变化等关键信息。Cao 等[91]与邱俊博和胡军[92]用极限学习机（ELM）方法基于监测数据分别对边坡变形和浸润线高度做出预测。Tayfur 等在监测数据基础上，结合有限元模型和人工神经网络模型对尾矿坝坝体渗流情况进行反演分析[93]。Zhou 等针对边坡位移的阶梯式特征，提出了基于诱发因子响应的粒子群优化与支持向量机（PSO‑SVM）耦合位移预测模型[94]。

　　综上所述，国内学者针对尾矿坝安全监测开展了一系列研究，以解决监测仪器获取数据稳定性差、准确性不高、缺失等具体实际问题，传感器与智能算法相结合的方式逐渐应用于尾矿坝安全监测，且随着安全监测理论的进一步发展以及监测仪器的更新，新的智能监测方法必将实现大规模应用，为尾矿坝变形安全预测预警提供全新的数据指标与丰富的数据量。本书获取的尾矿坝变形监测数据，重点以光纤位移传感器和光纤内部位移传感器监测收集为主，其优势在于获取的数据准确性更高、更稳定，适用于训练并提高预测模型精度。

## 1.3.4　尾矿坝变形预测研究现状

　　尾矿坝变形预测研究不仅能准确监测尾矿坝运行安全状况，还为现场安全监管提供重要理论依据和技术支持，同时也是尾矿坝安全研究中的重点发展方向[95]。凭借处理非线性和线性问题的优势，人工智能方法广泛应用于尾矿库风险监测系统平台开发中，为尾矿库安全预测提供了有力的技术支撑。华国威等[96]为准确预测尾矿坝变形趋势，建立了 PCA‑BBO‑SVM 尾矿坝变形预测模型，以杨家湾尾矿坝数据为训练数据，结果表明该模型的预测精度及对局部波动的预测能力均高于 BP 模型。易思成等[97]提出基于多点关联性和改进孤立森林算法的异常数据诊断模型，可有效区分尾矿坝位移监测序列中的噪声与真实异常值，提高监测系统的准确性。尾矿坝边坡由尾矿堆积压实形成，属于特殊的边坡，与边坡变形有相似的演变过程，故可参考边坡变形的相关研究。边坡变形预测起源于 20 世纪 60 年代，通过众多研究专家对边坡变形问题进行的深入研究，边坡变形预测领域在实践和理论方面都取得了广泛的成果。边坡变形预测主要经历了三个阶段且依照原理不同主要分为三种预测方法：物理力学机制法、数理统计法和智能算法。

边坡变形发展是一个多物理过程耦合的复杂非线性过程，是受内外动力因素耦合作用的结果。采用物理力学机制法可全面揭示边坡的变形破坏过程包括滑坡发育、缓慢滑移与逐步解体的整个过程。Chen 等[98]提出了一种局部动态强度降低的方法来捕捉斜坡的渐进性破坏，该方法可真实地模拟斜坡的渐进性破坏，通过使用基于滑动面软化特征的局部动态强度降低法，可以得到滑坡的警告变形。Tang 等[99]开发了 S 形方程来模拟破裂表面的机械行为作为位置和时间的函数，使用包含该方程的计算模型来模拟使用真实机械参数的进化历史，以动态稳定性的研究来判断滑坡失稳的时间。Song 等[100]采用三维数值模拟模型来研究三峡地区滑坡的空间变形，并通过实际监测资料比对验证，模拟在储层的灌注 – 压降循环中记录数据，发现周期性的充水 – 缩水将造成边坡受到破坏，整个滑坡体都会处于塑性状态。尚敏等[101]针对滑坡变形定量预测困难，提出基于时间序列分解的 SA（模拟退火算法）优化 SVR 的滑坡位移预测模型，采用 K – flod 交叉验证方式对趋势项位移进行预测，对预测结果的分析能较大幅度提高预测精度，具有较高的应用和推广价值。麦鉴锋等[102]采用最大熵模型，结合气候、地形、地表等气象和地质数据，揭示不同影响环境对气候环境下广东省的滑坡空间维度分布规律，阐述了在未来气候情景作用下可能发生滑坡的区域分布，为国土空间规划及城市群灾害预防提供科学依据。为深入研究滑坡的运动特征，丛凯等[103]采用了速度倒数法、速度阈值法和以非饱和土理论为基础的边坡降雨响应模拟结合的方法，对滑坡的生命周期进行了有效预测。建立的滑坡预测数学公式与研究理论虽然拥有大量的实践观测和反复实验的支撑，且具有坚实的物理理论支撑，可有效地应用于尾矿坝位移变形、滑坡崩塌等灾害的预报预警中，但上述预测模型仅适用于特定情况，当涉及环境复杂或存在较多难以量化的不确定性因素时，预测精度将有所下降。

20 世纪 80 年代国内外学者采用数学理论与统计方法相结合的方法，进行边坡变形预测研究，发展了一系列的预测模型，如早期的数理统计模型有生物生长模型[104]、灰色理论模型等。Zheng 等[105]利用边坡变形监测数据和高分辨率光学遥感数据，并结合 17 个滑坡影响因素，利用不同的机器学习方法，验证了采用智能算法早期识别滑坡灾害的可行性。Kuradusenge 等[106]为解决降雨诱发的滑坡问题，提出了将随机森林（RF）和逻辑回归（LR）相耦合的模型进行预测，以降雨等因素作为模型输入数据，划分测试集进行预测，研究结果可为降雨条件下的滑坡稳定性提供预警。Liu 等[107]以监测到的实验数据建立高斯过程的滑坡变形序列建模方法，实验结果证明了此方法具有良好的滑坡位移预测能力。陈波等[108]以原位监测资料为研究对象，融入工程风险率分析方法，提出了库岸边坡动态实时风险量化模型和预警方法，实现了利用边坡安全监测资料实时转化动态监控边坡警情。谈小龙等[109]深入分析了影响高边坡变形的监测数据间的相关性，建立的边坡统计回归监控模型，较好地描述高边坡的变形变化特征，并且预测结果与真实值较为接近。刘红岩等[110]将滑坡分为高位滑坡和低位滑坡，采用融入滑坡势能的优化的统计模型能有效提高计算精度，证明采用统计模型预测高位滑坡的运动距离时，应考虑滑坡势能的影响。这些模型从数理统计方法的角度将收集的变形数据与滑坡预测预报有机相结合，预测结果具有较好的准确性。然而边坡变形受到众多因素的影响且影响机理较为复杂，由于统计模型灵活性较差，无法深入提取数据的内部特征进而达到更好的预测效果。

## 1.3.5　人工智能在变形预测中的应用

智能算法主要是指利用数据驱动的方式，建立适合的机器学习算法实现边坡变形的预测和监控。常用的智能预测方法有非线性模型、神经网络（BP）[111]、支持向量回归（SVR）[112]、极限学习机（ELM）[113]、深度学习等众多机器学习算法被引入以位移为核心预测变量的边坡变形预测模型中[114]。Tien 等[115]开发了一个新的集合模型，该模型结合函数算法、随机梯度下降（SGD）和 AdaBoost（AB）Meta 分类器，且纳入了 20 个滑坡调节因素来预测滑坡，结果证实结合使用函数算法和 Meta 分类器可以防止过度拟合，减少噪音，并增强单个 SGD 算法在滑坡空间预测方面的预测。Tran 等[116]应用 Hyperpipes（HP）算法开发的五种新型集合模型，模型结合了 HP 算法和 AdaBoost（AB）、Bagging（B）、Dagging、Decorate 和 Real Ada-Boost（RAB）集合技术，用于绘制越南河江省南滑坡易感性的空间变化图，得出 AUC 值为 0.922 的集合，ABHP 模型被确定为绘制南丹乡滑坡易感性的最有效模型。张炎等[117]针对大坝变形预测的影响因素过多且无法精准预测的问题，将主成分分析方法、多元宇宙算法、BP 神经网络协同应用于大坝水平位移预测中，构建出 PCA – MVO – BP 预测模型，结果表明 PCA – MVO – BP 模型在大坝水平位移预测中具有较好的准确性。王志颖等[118]针对边坡变形分析与预测中存在周期项提取方法不确定性大、组合预测模型复杂度高的问题，构造一种基于 PSO – Prophet 的边坡变形预测模型，结果表明 PSO – Prophet 模型构建的复杂度低，但可准确预测受周期项影响较大的边坡变形。Kavzoglu 等[119]针对滑坡易发性模型，通过一系列的评估标准总结和讨论了算法的准确性、优势性和局限性，结果表明与其他机器学习算法相比，基于树的集合算法效果良好，随机森林算法在评价滑坡易发性方面具有强大的性能。监测传感器的发展为边坡变形监测带来了庞大的数据量，为进一步提高监测水平，深度学习中的循环神经网络等扩展模型逐渐应用于边坡变形监测。Pham 等[120]采用蛾焰优化器（MFO）优化搜索 CNN 的超参数（过滤器的值），将该模型与传统分类器，即随机森林、随机子空间和 CNN 优化的自适应梯度下降进行了比较，结果显示在所有比较指标上都超过了基准方法，提出的模型可以作为监测滑坡变形的替代方案。Wu 等[121]基于时间序列方法，将滑坡的累积变形分解为周期性变形和趋势性变形，三次多项式被用来预测趋势变形，考虑到雨水和水库水位的周期性变化，提出将 CNN 与 GRU 神经网络相结合预测周期性变形，与 GRU 相比，所提出的模型能更好地捕捉输入数据的特征，并提高预测精度，C – GRU 实现了较低的均方误差，代表了滑坡预测精度的显著提高。Xing[122]等建立了移动平均法和 LSTM 相耦合的边坡位移预测模型，通过与浅层机器学习算法对比，结果表明其具有较好的预测效果。金爱兵等[123]针对传统统计回归模型等方法对边坡易发性评价预测精度低、难度大等问题，搜集了国内外 304 个边坡案例中高度、角度、容重、黏聚力、内摩擦角、孔隙压力比和边坡状态等参数，将众多参数作为预测模型的输入数据，使用麻雀搜索算法（SSA）优化支持向量机（SVM）模型的超参数，实现对边坡失稳智能预测预警。

综上，国内外的研究趋势表明边坡变形更多以位移为研究重点，边坡位移受内部因素与环境因素共同作用影响，智能算法中机器学习与深度学习已广泛应用于边坡位移预测且取得了较好的发展成果。尾矿坝边坡变形受内部因素与外部环境双重作用影响，从广泛的、数据量庞大的监测数据中挖掘边坡变形的变化规律，并建立数据驱动的尾矿坝变形预测预警，将很大程度上提高矿山现场安全监管水平。

RNN 在处理长时序数据时，由于其只具有短期记忆无法支持长时间预测，易出现梯度消失等问题，基于此产生了大量优化后 RNN 形式的变体[124]。长短期记忆神经网络（LSTM）的出现有效地解决了短时记忆的问题，能够处理长期依赖关系，以其在处理时间序列预测问题上可有效学习时间关联信息的优势，得以在很多领域得到了广泛的发展和应用[125]。Zhou 等[126]采用 LSTM 神经网络模型建立的可变工况下的工具剩余寿命预测模型，可挖掘复杂关联数据隐藏关系，且可有效传导数据的时间累积效应，结果表明 LSTM 模型预测准确度高泛化能力强。顾阔等[127]对淄博市 19 个空气质量监测站点监测数据进行分析后，提出了一种基于机器学习的复合模型，将灰色关联度分析、改进的完备总体经验模态分解、LSTM 的模型相耦合，结果表明该模型可准确预测 PM2.5 浓度，具有良好的应用效果。郭子正等[128]提出了一种基于时空注意（Spatial–Temporal Attention，STA）机制的深度学习模型，该模型融合了卷积神经网络（CNN）与长短期记忆（LSTM）神经网络，可准确预测揭示滑坡变形的时间–空间特征。张振坤等[129]基于变分模态分解技术将滑坡累积位移量分解成趋势项、周期项和随机项，对各影响因素进行了相关性分析，结合多头自注意力机制和 LSTM 模型对各位移进行动态预测。以三峡库区白水河滑坡作为研究区，试验结果表明降雨、库水位变化对边坡位移有较大影响，构建的模型提高了预测的精度。

综上所述，循环神经网络及其变体在不同领域得到了广泛应用，即使面对时间序列及数据量庞大等问题，均表现出性能优异且泛化能力强的特点。从上述的研究中还可以发现长短期记忆（LSTM）模型结构可以更好地应用于长时序列预测问题，可获得更好的预测性能，深入提取时间序列数据特征，故可尝试采用 LSTM 网络为核心模型进行尾矿坝边坡变形预测。尾矿坝的变形预测的方法日趋完善，单因素时间序列预测分析逐渐向多因素动态长时预测定量研究。在研究的过程中仅利用极少的单一因素数据建立数学分析及预测模型，易忽视造成变形的众多影响因素的共同作用结果，也缺乏对监测数据的预处理，严重影响预测模型的准确性。目前监测数据处理和分析的手段过于简单，管理人员只能结合自身经验与单一的数据变化趋势做出直观判断，无法有效监控尾矿坝边坡的安全运行状态，也无法识别尾矿坝未来变形趋势[130]。一些通过设置监测数据预测阈值和人工巡检触发的灾害报警，其预设阈值与大坝叠加具有一定的时效性，无效的报警信息经常干扰正常的生产秩序，导致预测系统逐渐失去管理者和公众的信任，不能满足新时代背景下信息安全管理的要求[131]。并且，影响尾矿坝变形的因素众多，其中包括浸润线、库水位、坝体沉降量、温度、降雨、风力等[132]，简单的监测数据趋势分析难以准确及时揭示各要素致灾演化过程，将灾害预测和应急管理置于不利局面。故应丰富尾矿坝变形预测指标体系，筛选出更全面的风险监测指标，在智能预测模型基础上，融入天气因素等指标，在极端天气下仍能有效监控尾矿库的运行。

# 1.4　主要研究内容与方法

## 1.4.1　主要研究内容

本书以尾矿库安全与应急管理作为研究对象，围绕尾矿库事故致因挖掘、关联关系分析、事故致因演化、预测模型构建与防控对策等方面进行系统研究，主要研究内容如下：

1. 尾矿库事故致因挖掘

事故案例是揭示事故风险源的关键载体，在对识别可能诱发事故灾害的关键因素中具有重要价值。但是，目前对于尾矿库事故案例的有效利用和挖掘程度较低。相较于传统依赖人工统计事故信息方法的局限性和低效性，文本挖掘具备高效提取事故文本价值信息的能力。因此，本书引入具有强大性能的文本挖掘技术，以期实现对尾矿库事故信息的自动化、高效性和客观性的分析，从而精准识别导致尾矿库发生事故的因素。

2. 基于关联规则的尾矿库事故因素关联性分析

事故的发生往往源于多种因素耦合作用。而有效预防事故发生的关键，在于遏制对事故影响深远的致因因素，以及明确事故因素之间的关联关系。因此，基于文本挖掘技术识别尾矿库事故致因的基础上，本书采用关联规则挖掘经典算法之一的 Apriori 算法，对尾矿库事故致因间的关联关系进行深入挖掘，以揭示对尾矿库事故发生具有深远影响的致因因素集和致因因素间的强关联关系。

3. 基于贝叶斯网络的尾矿库事故演化路径分析

为更深入的研究尾矿库事故致因之间的复杂作用机理，本书在关联规则分析结果的基础上，引入贝叶斯网络（Bayesian Network，BN）技术，构建了尾矿库事故贝叶斯网络拓扑结构，并利用尾矿库事故致因数据集进行了网络参数学习。通过尾矿库事故贝叶斯网络敏感性分析和影响强度分析，成功识别出影响尾矿库安全的敏感性致因因素及其演化路径，为制定针对性的尾矿库事故致因因素联动防控策略、提升风险防范效能提供了坚实的理论支撑。

4. 尾矿坝变形预测体系与预测模型构建

深入分析了尾矿坝变形特征，探究不同影响因素的作用机理，分析影响尾矿坝变形的主要内部因素和环境因素，构建融合环境影响因素的尾矿坝变形预测指标体系，结合深度学习算法理论，提出融合了随机森林（RF）特征筛选算法、麻雀搜索优化算法（SSA）和长短期记忆（LSTM）神经网络的预测方法，构建出基于 RF – SSA – LSTM 的尾矿坝变形预测模型。提出了尾矿库监测数据预处理及模型误差评价方法，验证了所建立 RF – SSA – LSTM 预测模型的优越性。

5. 尾矿库灾害防控对策与应急响应机制

基于尾矿库事故贝叶斯网络分析结果，针对尾矿库事故敏感因素和关键事故演化路径，从“物—管—人—环”四个方面提出针对性的防控对策，构建和完善尾矿库灾害全过程的应急响应机制，涵盖应急准备、应急响应、善后恢复和应急保障四个关键环节，提升尾矿库灾害应对能力，以期最大限度地减少灾害造成的损失和影响，确保人民生命财产安全。

本书研究的技术路线如图 1.5 所示。

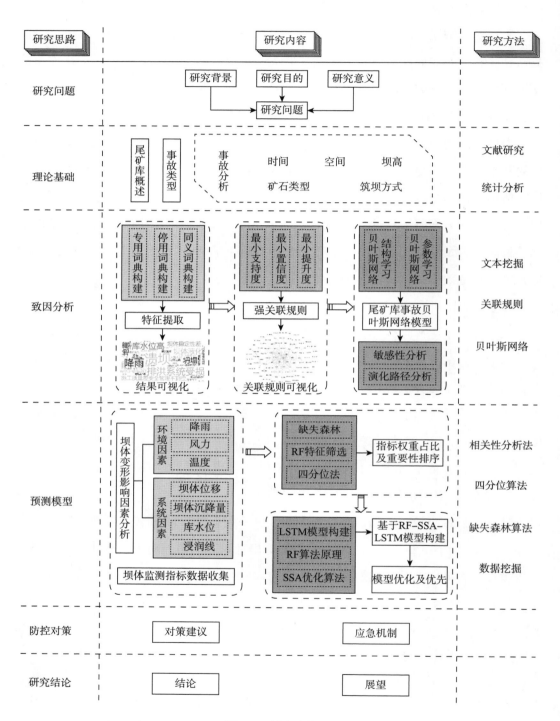

图 1.5　技术路线图

## 1.4.2　研究方法

**1. 文献分析法**

通过广泛阅读国内外文献，本书梳理了不同学者在尾矿库安全领域的研究重点，同时也探讨了文本挖掘技术和贝叶斯网络在安全领域的研究现状和未来发展趋势。这些研究为本书的研究思路提供了宝贵经验。

**2. 统计分析法**

事故报告是用于安全研究的资料。本研究收集了 331 起尾矿库安全事故，利用统计学知识分析事故发生时间、矿石类型、坝高和筑坝方式等规律。

**3. 文本挖掘**

本书以尾矿库事故中具有详细信息的 164 起事故作为研究基础，通过运用文本挖掘技术，对报告中涉及影响尾矿库安全的致因因素进行有效挖掘，为后续的致因因素间的关联性分析和演化路径分析提供基础。

**4. 关联规则**

本书以文本挖掘的结果为依据，构建尾矿库事故致因的关联规则模型，应用 Apriori 算法进行计算，通过设置支持度与置信度的阈值获取强关联规则。

**5. 贝叶斯网络**

在构建尾矿库安全风险贝叶斯网络模型时，在关联规则的基础上，明确和确定贝叶斯网络的节点和有向边，通过敏感性分析和影响力分析，识别出对尾矿库安全具有显著影响的敏感性因素和事故演化路径。

**6. 建模与优化方法**

影响尾矿坝变形的因素有很多，针对不同数据集建立的预测模型参数往往能影响其准确性。故需引入优化算法寻找深度学习预测模型的最优参数，提高预测模型的预测准确性。

**7. 误差评价法**

通过对尾矿坝变形预测相关理论的学习和思考，明确和理解尾矿坝变形安全监测研究的内容和研究目标，构建出尾矿坝变形预测模型。为验证模型的适用性，与多层神经网络（MLP）、单一的 LSTM 模型和众多机器学习算法进行对比实验，以 *MAE*、*RMSE* 和 $R^2$ 作为评价模型性能指标，综合评价预测模型的优势与不足。

# 第 *2* 章

## 尾矿库概述及事故统计分析

## 2.1 尾矿库概述

### 2.1.1 尾矿库分类

尾矿库是指筑坝拦截谷口或围地构成的，用以堆存金属或非金属矿山进行矿石选别后排出的尾矿或其他工业废渣的场所。根据尾矿库所处的地形和位置等条件，可以将尾矿库分为如下类型：

1. 山谷型尾矿库

山谷型尾矿库的选址一般在山谷的谷口处，如图 2.1 所示。这类尾矿库在初期坝的构建中工程量较小，设计时间较短。在运行的过程中，尾矿库的库容需求逐渐变大，可便捷地借助山谷的地形堆积坝体；库区的纵向深度较长，干滩长度容易达到设计的要求。然而这种设计也存在不足，如容易形成汇水，造成排洪设施的工作量增加，在雨季的时候，容易发生洪水漫顶，从而造成滑坡甚至溃坝等安全事故。我国现有的大中型尾矿库基本属于这种类型。

2. 傍山型尾矿库

傍山型尾矿库通常处于低山丘陵地区。这类尾矿库在构筑坝体的时候通常是选择在山坡的脚下依靠着山体结构，一般用来建设中小型尾矿库，如图 2.2 所示。这类尾矿库在初期坝的构建中工程量较大，设计中所需要时间相对较长。同时库区的容量较小不易汇水。然而这类尾矿库的防洪工作较为复杂，当排洪不及时、管理疏忽时，容易发生安全事故。

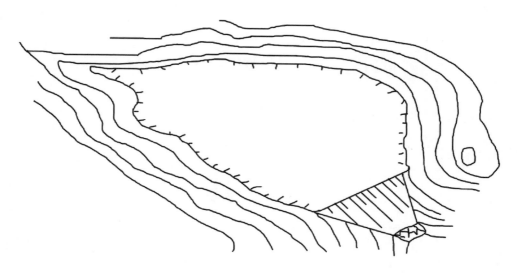

图 2.1  山谷型尾矿库示意图

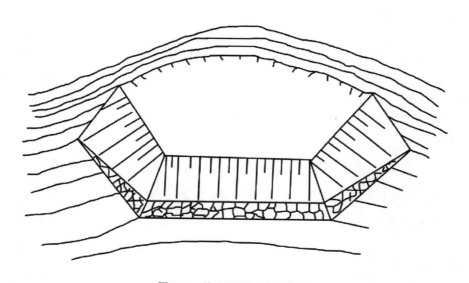

图 2.2  傍山型尾矿库示意图

## 3. 平地型尾矿库

平地型尾矿库通常处于平原和沙漠地区。这类尾矿库是借助平缓的地形构筑坝体所形成的，建造的工程量大，具有很大的局限性，如图 2.3 所示。库区面积随着尾砂的堆积不断变小，坡度会越来越缓，导致库区的干滩长度和防洪能力随之减少，维护的耗费较大且管理困难。

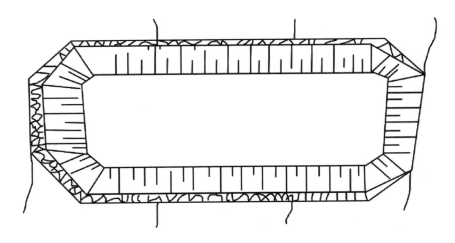

图 2.3　平地型尾矿库示意图

### 4. 截河型尾矿库

截河型尾矿库目前在国内较少。这类尾矿库是借助河床而构筑坝体，一种是截取一段河床，在其上、下游构建，另一种是在河床上留取足够的流水宽度，在其三个面构建，如图 2.4 所示。截河型尾矿库的最大优点是不用侵占农田。由于尾矿库借助河床库区内的汇水面积较小，同时造成库区的上游负担较大，需要在库区上游和内部配置功效较好的排水装置，工程量较大且维护成本高。

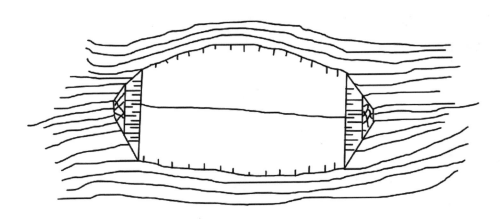

图 2.4　截河型尾矿库示意图

综上所述，尾矿库的构筑依赖于所处的地理位置，根据地形条件构建而成。由于地理条件的不同，不同种类尾矿库的安全程度也不相同。大中型尾矿库多数是山谷型尾矿库，监管维护较为简单，整体建筑的工程量较小，但是抗灾能力不足，面对突发降雨等事故的应对能力较差。中小型尾矿库多选择傍山型尾矿库，建筑的成本不高，发生事故时造成的损失较少，但是安全性较差，容易出现小的安全问题。其他类型尾矿库仅在特定地形条件下使用，由此可见，每种类型的尾矿库都存在着自身的问题。

## 2.1.2 尾矿库筑坝方法

尾矿坝分为初期坝和堆积坝。初期坝是尾矿坝的核心，是确保整个尾矿坝稳定运行的关键。堆积坝是在尾矿库的运行过程中，利用选矿后的尾矿堆积形成。根据堆积坝堆积方式的不同，主要分为：上游式筑坝法、中线式筑坝法和下游式筑坝法等。

1. 上游式筑坝法

上游式堆积坝的筑坝方式主要是利用矿石废渣中的粗粒尾矿，从初期坝的坝顶不断地向上游堆积增高，从而构筑成坝体，筑坝原理如图 2.5 所示。上游式堆积坝的优点是：坝体的构建方式比较简单，建设和运营管理的成本较低，操作较为便捷。因此，我国的大多数堆积坝都是采用的这种方式来构筑。然而，由于上游式堆积坝由尾矿颗粒堆积形成，使用这种材料构筑坝体，会使堆积坝的浸润线较高，容易造成渗流破坏以及滑坡等事故的发生。

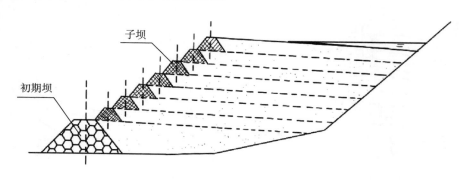

图 2.5 上游式筑坝法示意图

2. 中线式筑坝法

中线式堆积坝的筑坝方式介于上游式堆积坝和下游式堆积坝之间。中线式堆积坝的构筑主要是以初期坝的轴线作为堆积坝的轴线，然后利用旋流器向上将底部尾矿堆积加高，向下将尾矿向边坡推移，从而形成堆积边坡，筑坝原理如图 2.6 所示。中线式堆积坝的优点是：在坝体筑坝的时候，通过旋流器能够将尾矿进行分级，颗粒较粗的尾矿会沉入下游库，颗粒较细的尾矿会排入上游库，这样将渗水性差的细颗粒放置于坝体的上游，浸润线高度降低，能够提高坝体的稳定性。然而，由于筑坝的工艺较为复杂，造成了中线式堆积坝在实际应用中具有一定的局限性，建设和运营管理的成本较高，在实际中的使用率较低。

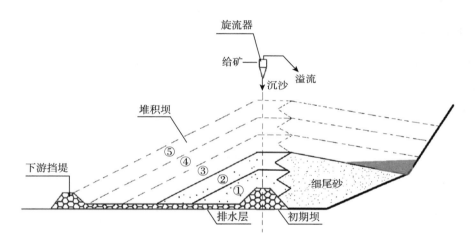

**图 2.6　中线式筑坝法示意图**

3. 下游式筑坝法

下游式堆积坝的筑坝方式与中线式堆积坝较为类似，需要大量借助旋流器来筑成堆积坝。下游式堆积坝的构筑需要从坝体顶端开始，从构筑上游边坡开始向下游推移，最终形成下游边坡，筑坝原理如图 2.7 所示。下游式堆积坝的优点是：由于筑坝的过程中大量借助了旋流器，因此坝体的渗透能力强，具有很高的稳定性和抗灾能力。但旋流器本身就需要庞大的工程量，造成筑坝的工作非常复杂。同时，筑坝的过程中需要使用颗粒较粗的尾矿进行筑坝，选材较为复杂，运行和管理的成本很高，目前的应用并不广泛。

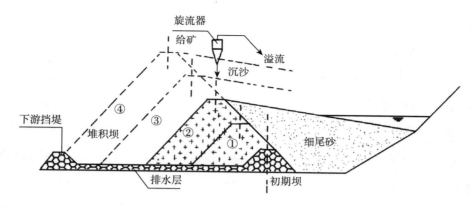

**图 2.7　下游式筑坝法示意图**

综上所述，上游式堆积坝的筑坝方式最为简单，对坝体周围的地质环境要求不高，同时在运行和管理上更为容易，能够节省成本。因此，我国大部分的尾矿库使用的都是这种筑坝方式。上游式堆积坝在三种堆积坝中的安全性能是最低的，很容易造成浸润线高度过高等问题，因此需要对尾矿库加强安全管理。

## 2.2　尾矿库安全事故类型

尾矿库事故类型主要有溃坝事故、漫顶事故、渗流事故、地震液化事故和失稳事故。

1. 溃坝事故

溃坝是指尾矿坝在外力作用下发生破坏，导致尾矿库内的尾矿和水大量涌出的严重事故[133]。溃坝事故大部分是因为尾矿库没有足够的库容储存尾矿沉积物和水，导致库内水位超过坝体自身高度，使大量尾矿泄漏在坝体外侧。大多数尾矿库事故都是溃坝导致的，而导致溃坝事故的因素很多，主要有异常降雨时尾矿库无法及时排出雨水；工作人员对尾矿库日常管理工作不认真，导致排水设施损坏等。

2. 漫顶事故

漫顶主要是指尾矿库进水量大于尾矿库排水量，尾矿坝透水性较低，导致浸润线在短时间内变化较小，库内水位高于坝体设计高度引起。尾矿库洪水漫顶主要发生在汛期，是极端降雨导致尾矿坝破坏的一种常见模式，大量雨水涌入尾矿库，当库内水位超过坝顶后，坝体受水流冲刷出现决口，决口快速增大形成大的决口，且决口的深度与宽度呈正相关，导致尾矿库溃坝，对下游环境造成污染，甚至造成山体滑坡等次生灾害的发生。

3. 渗流事故

渗流现象是指流体在空隙介质中的流动过程。空隙介质是由颗粒状或碎块材料构成，并含有众多孔隙或裂隙的物质。这种介质特性使得流体能够在其中流动，进而形成渗流现象。当尾矿坝内部存在水位差时，高水位中的水会通过空隙向低水位方向流动。尾砂在渗流作用的影响下，会发生管涌现象，增强尾矿坝的渗透性，导致尾矿坝出现裂缝和局部坍塌；同时坝坡会出现流土现象，坝坡侵蚀，局部失稳，最终导致尾矿库的溃坝。管涌、流土、接触面冲刷和接触流土等是尾矿库渗流事故的主要破坏类型，尾矿在渗流作用下可能会发生尾砂泄漏。

4. 地震液化事故

矿产资源的分布与地震带分布具有一定的重合性，因此，许多尾矿库建立在地震区。当发生地震时，饱和沙土或尾矿泥沙受到反复震动，颗粒重新排列变密，饱和沙土或尾矿颗粒的接触应力接近孔隙水压力，使颗粒悬浮在水中，即发生液化，尾矿库随着泥浆的运动被破坏，为下游带来严重的灾难。为减少地震液化事故，发达国家禁止在地震带构建上游式尾矿坝，而采用中线式或下游式。

5. 失稳事故

尾矿库失稳主要有滑坡、滑塌、塌陷等。滑坡主要是由雨水冲刷坝体、地震或人为破坏造成的，分为蠕滑阶段、滑动阶段和剧滑阶段，当坝体滑坡处于前两个阶段时，坝体变形十分微小，可以根据地表裂缝对其进行判断；施工质量差或人为破坏通常会导致坝体滑塌；坝体压实不佳、密度不均匀会造成坝体塌陷。

## 2.3　尾矿库事故统计分析

为探究尾矿库事故的时间性、筑坝方式等对尾矿的影响，本节将收集到的 1960—

2023 年发生的 331 起尾矿库事故按照年份、矿石类型、坝高和筑坝方式进行归纳与分析。

## 2.3.1　事故发生年份统计分析

为深入了解尾矿库事故的发展趋势，根据事故发生年份对其进行了统计分析，结果如图 2.8 所示。在 1960—1990 年尾矿库事故多发生于发达国家，对应的是经济快速发展时期。也可能归因于第二次世界大战后，随着全球矿产业的发展，采矿活动的增加，以满足全球对金属、矿物、原材料的高需求。这一需求与北美和欧洲的战后重建以及亚洲和非洲殖民主义结束后新独立国家的初步发展有关。其中，1965 年 3 月 28 日智利中部发生 7.25 级强地震，几乎在同一时间内，因地震液化破坏，导致该地区的 11 座尾矿坝中有 10 座尾矿坝瞬间液化崩溃[134]，因此，在 20 世纪 60 年代，发达国家与不发达国家尾矿库事故数量接近。随着发展中国家的经济发展，尾矿库事故逐渐转向发展中国家，尤其在 1990 年之后。巴西、中国、智利等发展国家在发展经济的同时，需要关注尾矿库的稳定性，提高尾矿库的建设标准，必要时，可以借鉴发达国家的经验[1]。

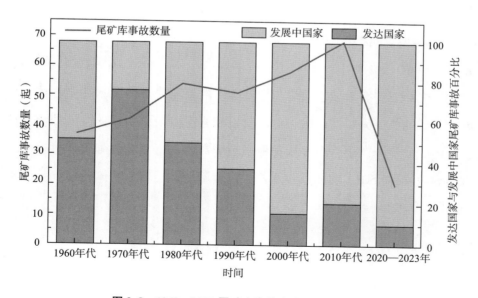

**图 2.8　1960—2023 尾矿库事故发生年份统计图**

## 2.3.2　矿石类型分析

图 2.9 主要根据矿石品类区分了尾矿库事故数量。其中金矿和铜矿尾矿库事故最多，约占全部事故的 1/3。其次，铁矿、铅矿、锌矿、磷矿、煤矿分别占 8.7%、7.5%、7.2%、5.7%、5.1%。总的来说，这些事故约占全球尾矿库事故的 65%。发生金矿尾矿库事故案例的国家多于发生铜矿尾矿事故案例的国家，其中，金矿尾矿库事故案例中，中国、美国、菲律宾发生得较多；铜矿尾矿库事故案例中，智利、中国、菲律宾、美国发生得较多。

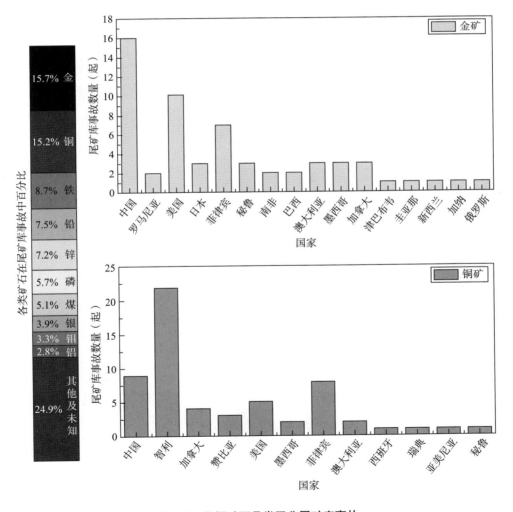

图 2.9　依据矿石品类区分尾矿库事故

## 2.3.3 坝高和筑坝方式分析

图 2.10（a）显示了尾矿库事故按坝高的分布情况。有 30.8% 的尾矿库在 10 ~ 20m 的高度发生事故，23.4% 的事故发生在 0 ~ 10m，22.4% 的事故发生在 20 ~ 30m，由此可知，76.6% 的事故发生在 30m 及 30m 以下的尾矿库。原因可能是在坝高相对较低的尾矿库中（可能在尾矿库发展的早期阶段），具有较高孔隙水压力的尚未固结的材料还没有形成足够的抗剪强度来对抗阻力[135]。

图 2.10（b）显示了尾矿库事故按筑坝方法的分布情况。采用上游法建造的尾矿库事故概率高达 71.6%，中线法建造的尾矿库事故概率为 10.2%。上游法筑坝工艺简单，是我国常用的筑坝方法，但浸润线高、坝体稳定性差，对地震液化较为敏感。2013 年 10 月 3 日智利发生地震，经调查发现有 5 个采用上游法建造的尾矿库均受到了不同程度的破坏，从此之后，智利强制要求所有尾矿库不得采用上游法施工。中线式筑坝方法兼顾了上游法和下游法，因此，在一定程度上具有这两种方法的优点，减少了事故的发生。

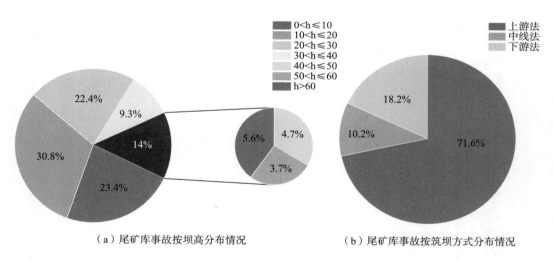

（a）尾矿库事故按坝高分布情况　　　　（b）尾矿库事故按筑坝方式分布情况

**图 2.10　尾矿库事故按坝高和筑坝方式分布情况统计图**

# 2.4　本章小结

尾矿库的安全运行对保障矿山安全生产至关重要，本章首先对尾矿库的筑坝方式进行介绍，尾矿库筑坝方式常见的有上游式、下游式和中线式，在地震多发的地带建议采取下游式或中线式的筑坝方式，以减小事故的发生。其次，对尾矿库事故进行了分类，主要有溃坝事故、漫顶事故、地震液化事故、渗流事故和失稳事故。最后，通过收集 1960—2023 年的尾矿库事故信息，对尾矿库事故进行统计分析，发现 1960—1990 年尾矿库事故多发生于发达国家，但随着发展中国家经济的发展，事故逐渐向发展中国家转移；在根据矿石品类区分尾矿库事故时，发现金矿和铜矿尾矿库事故最多；76.6% 的事故发生在坝高 30m 及 30m 以下的尾矿库中，且采用上游法建造的尾矿库事故概率高达 71.6%，因此管理者需加强对中小型尾矿库和采用上游法建造的尾矿库的安全管理。

# 第 *3* 章

# 基于文本挖掘的尾矿库事故致因辨识

全面而科学地识别尾矿库事故致因，是确保有效开展尾矿库安全生产风险有效评价的前提，同时也直接影响矿山企业在尾矿库安全隐患排查与整治工作的有效性和精准性。基于尾矿库历史事故案例进行深入剖析，挖掘其中的安全风险因素，是提升安全管理水平的重要途径。面对历史事故案例，传统的人工统计分析方法耗时费力、效率低下，易受主观因素的影响。因此，本书运用一种高效、客观的文本挖掘技术，以便从尾矿库事故案例中快速、准确地识别尾矿库事故致因，对尾矿库的安全管理以及事故预防都具有重要意义。

文本挖掘技术目前已广泛应用于道路交通事故[136]、汽车市场质量评价[137]、商品在线评论[138]等多个领域，因此，本章引入文本挖掘技术对尾矿库事故信息进行挖掘处理，从中提取出事故致因。

## 3.1　文本挖掘技术及流程

世界上约 80% 的数据都是以非结构化文本的形式存储于不同的地方，如短信、邮箱、期刊、报纸等[139]。一般从非结构化文本提取重要信息和知识的过程称为文本挖掘，也称为智能文本分析、文本数据挖掘或文本知识发现[140]。文本挖掘是从数据挖掘发展而来的，通过运用不同的技术将文本数据转换为计算机可以识别的形式，提取以真实世界为基础的、具有潜在价值的文本信息，是涉及文本分析、信息检索、信息提取、可视化的多学科交叉的研究领域。

文本挖掘的流程一般可分为文本收集、文本预处理、特征提取、结果可视化 4 部分，如图 3.1 所示。

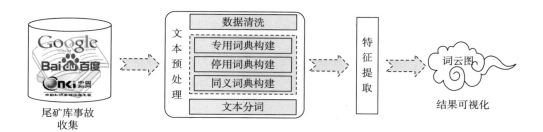

**图 3.1　文本挖掘基本流程**

第一步，文本收集：这是文本挖掘的起点，数据获取途径主要有百度、中国知网、谷歌学术、书籍和文章等，将收集到的尾矿库事故信息作为数据源。

第二步，文本预处理：文本预处理是指通过技术手段将非结构化数据清洗为结构化数据，可被计算机识别、处理。主要包括文本分词处理、词库构建以及信息清理等环节。通过自定义词库对已有词库进行补充和扩展，运用停用词词库去除无意义的词语，并设置同义词词库，将意思相同但表达形式不同的词语进行归类。

第三步，特征提取：运用 Python 编程语言中的 Jieba 分词库进行文本分词处理，将非结构化数据转换为结构化数据，提取出尾矿库风险致因因素。

第四步，结果可视化：利用词云图将挖掘出来的尾矿库事故致因结果直观展示出来，方便研究者进行进一步的分析。

## 3.2　数　据　获　取

本节主要开展尾矿库事故数据收集与处理工作，事实上，现有的尾矿库事故数据并不完整，已收集的事故案例仅是全球尾矿库事故中的一部分。本书尽可能多地收集尾矿库事故信息，统计范围为 1960—2023 年，共收集尾矿库事故案例 331 起，其中记录了事故原因的共有 164 起，国内事故中记录了事故原因的共有 88 起；由于受限于区域，国外事故数据较难收集，只收集到 76 起记录了事故原因的尾矿库事故案例，事故来源主要有书籍[141,142]、百度、中国知网、WISE[143]、谷粉学术等。大量尾矿库事故没有报告或者报告缺乏基本信息[135]。鉴于本书聚焦于尾矿库事故致因的深入挖掘与分析，受到事故发生时间久远及后果严重程度的影响，部分早期事故的记录难以查询，且一些影响较小、后果轻微的事故，其相关原因记录不够详尽，甚至存在缺失的情况。因此，本书只对其进行了数据分析，不进行致因挖掘分析。

## 3.3　文本预处理

文本预处理过程是将原始非结构化数据转化为便于计算机识别和可处理的结构化数据的过程。科学且高效的文本预处理流程对提升模型的使用效率和精确度至关重要。原始文本数据中往往掺杂了大量无用词汇，这些词汇不仅无法直观展示有效信息，甚至干扰文本挖掘的效率和准确性。因此，通过文本预处理过程，可以去除无用词汇，提取出有价值的关键信息。

鉴于尾矿库事故信息具有高度的专业性，目前缺乏精准的语料库及分词词典，而精准分词是文本挖掘后续过程的前提，为确保文本挖掘的准确性，本书致力于构建适用于尾矿库安全领域的分词词典，主要包括停用词词典、专用词词典、同义词词典。

### 3.3.1　文本分词模式

文本预处理的第一步是分词，即将连续的字符序列转换为词汇单元的过程。分词算法主要包括基于字符串匹配、基于统计和基于理解三类。中文分词与英文分词不同，英语语句中词与词之间存在空格，而中文语句在字数、结构、构成方面没有明显的分界，中文词语在不同环境中表达的意思不同，容易产生歧义，在网络和新媒体环境下常产生一些新词、网络流行用语，行业领域具有行业专用术语，难以识别，具有复杂性[144]。

Jieba 分词是一种适合中文分词的方法。主要有三种分词模式：

（1）精确模式，也是默认模式，试图将中文语句精确切分，适合文本分析，如图 3.2 所示。

```
import jieba
seg_list = jieba. cut（"因尾矿库内排水井被树枝石块等杂物堵塞，导致尾矿库内的水位上涨。"）#默认是精确模式
print（"/" . join（seg_list））
```
因/ 尾矿库/ 内/ 排水/ 井/ 被/ 树枝/ 石块/ 等/ 杂物/ 堵塞/ ，/ 导致/ 尾矿库/ 内/ 的/ 水位/ 上涨/ 。

**图 3.2　Jieba 分词精确模式**

（2）全模式，把中文语句中全部词语扫描出来，速度很快，但具有容易引发歧义的缺点，如图 3.3 所示。

```
import jieba
seg_list = jieba. cut（"因尾矿库内排水井被树枝石块等杂物堵塞，导致尾矿库内的水位上涨。"，cut_all=True）
print（"/" . join（seg_list））# 全模式
```
因/ 尾矿/ 尾矿库/ 库内/ 排水/ 水井/ 被/ 树枝/ 石块/ 等/ 杂物/ 堵塞/ ，/ 导致/ 尾矿/ 尾矿库/ 库内/ 的/ 水位/ 上涨/ 。

**图 3.3　Jieba 分词全模式**

（3）搜索引擎模式，基于精确模式的基础上对长词进行切分处理，以适应搜索引擎的分词需求，如图 3.4 所示。

```
import jieba
seg_list = jieba. cut_for_search（"因尾矿库内排水井被树枝石块等杂物堵塞，导致尾矿库内的水位上涨。"）# 搜索引擎模式
print（"/" . join（seg_list））
```
因/ 尾矿/ 尾矿库/ 内/ 排水/ 井/ 被/ 树枝/ 石块/ 等/ 杂物/ 堵塞/ ，/ 导致/ 尾矿/ 尾矿库/ 内/ 的/ 水位/ 上涨/ 。

**图 3.4　Jieba 分词搜索引擎模式**

所以，本书选用 Python 第三方工具库 Jieba 中文分词库的精确模式对尾矿库事故信息进行分词。

## 3.3.2　专用词词典构建

在针对尾矿库事故信息进行分词处理的过程中，由于当前阶段缺乏尾矿库安全

领域的专用词典，导致经常出现专业词汇被错误切分的现象，如将"坝体失稳"拆分为"坝体"和"失稳"两个词语，"施工质量差"拆分为"施工""质量"和"差"三个词，直接影响对尾矿库事故信息的分析。对于一些常见的词语，Jieba 能够很好地自动识别出来。对于 Jieba 词库中没有的词语，Jieba 基于汉字成词能力的隐马尔可夫模型和 Viterbi 算法有一定识别新词的能力，但对于一些较为生僻的专业词语，可以通过添加自定义词库，提高分词的准确率[145]。

本书采用在已有的矿山领域词典的基础上，通过补充尾矿库事故专业词汇来建立尾矿库事故专用词典。采用搜狗细胞词典工具，下载安全工程和矿山安全隐患信息分析词典，为了便于后续的分词处理，借助词典转换工具，将基础词典从".scel"格式转换为".txt"格式，使词典数据更容易处理和利用。并在基础词典的基础上，Jieba 分词库对原始文本进行分词，形成原始语料库，通过对分词结果进行人工检查、记录，不断更新基础词典[146]，最终形成尾矿库事故专用词典。

### 3.3.3 停用词词典构建

尾矿库事故案例中经常出现一些不充当句子成分、无实际意义的词语和标点符号等，为了提高文本挖掘的效率，需要对这类词语和标点进行过滤筛选，删除后不影响文本挖掘效果。将这些词语和符号添加到".txt"格式的文档中，构建停用词词典。删除停用词是数据清洗的重要阶段，构建停用词词典在文本处理中也发挥着重要作用，它能有效降低数据维度，从而提高挖掘效率和减少对事故致因分析的影响。

常用的停用词词典有中文停用词典、哈工大停用词典、百度停用词典等，是面向全行业的，目前缺乏适用于所有领域的通用停用词词典。鉴于此，本书在整合常见停用词典的基础上，需要结合尾矿库事故案例的特点，在文本挖掘的过程中不断对停用词词典进行更新补充，以确保其适应后续研究的需求。最终构建的尾矿库事故致因的停用词词典主要包含以下几类词汇。

1. 常用词汇

常用词汇是指出现频率高的，但对尾矿库事故致因挖掘结果不产生任何影响的没有实际价值的词汇，例如，"这些""那里""你""大家"等，删除这些词汇并不会影响文本分词结果的可靠性。

2. 无实义的词汇

无实义的词通常包括介词、代词、语气助词等，这些词汇通常在文本中没有明确含义，仅起到连接的作用，例如，"又""呀""啊""从"等。

3. 尾矿库事故停用词汇

在实际文本处理过程中，常常遇到具有实际意义且使用频率较高的词汇，但它们对于本书的研究内容并无直接贡献。因此，在更新和完善尾矿库事故停用词词典时，需要人工审查分词中的高频词汇，并判断其是否对本书研究具有实际价值。对于那些常见但对本书研究没有实际意义的词，例如，"事故""工业废水""厂区"等，应添加到停用词词典中。

4. 其他词汇

除了上文提到的常用词汇、无实义词汇和对本书研究没有正面影响的高频词汇，还存在一些低频且对尾矿库事故致因挖掘无意义的词汇，例如，"日期""峡谷""凤县"等。

在文本预处理过程中，通过使用尾矿库停用词词典，可以有效去除干扰信息和提升分词质量。如图 3.5 所示，使用停用词词典后的分词效果得到明显改善。

## 3.3.4　同义词词典构建

尾矿库事故信息是由不同地区、不同人员撰写的，每个地区和人员语言习惯不同，因此，对同一事物会出现多种表达，如"库内水位超高""库内水位长期过高""库内水位过高"等都表达"库水位高"的意思，因此把它们归为一类，在 3.3.2 专用词典的构建中同时对同义词进行人工识别，建立同义词词典，降低分词结果的离散型，增强分词结果的准确性。部分尾矿库事故同义词词典见表 3.1。

（a）使用停用词词典前

（b）使用停用词词典后

**图 3.5 停用词词典使用前后对比**

**表 3.1 尾矿库事故同义词词典**

| 序号 | 词汇 | 同义词 |
|------|------|--------|
| 1 | 降雨 | 暴雨、连续降雨、连降暴雨、强降雨、连续强降雨…… |
| 2 | 库水位高 | 库内水位超高、尾矿库处于高水位、库内水位长期过高、库内水位过高、尾矿库处于高水位…… |
| 3 | 违反设计或规定施工 | 严重违反设计进行施工、施工时未按设计要求、尾矿库建设不符合规范、未按设计图纸要求完成重建、施工时取消了初期排洪塔…… |
| 4 | 边坡过陡 | 坝坡太陡、尾矿坝坝面坡度较陡、尾矿库坡度陡峭、坝体过于陡峭、尾矿堆积坝坡过陡…… |
| 5 | 浸润线高 | 坝体浸润线过高、浸润线长期过高、浸润线过高、浸润线较高、坝内浸润线过高…… |

# 3.4　事故致因挖掘及结果可视化

## 3.4.1　特征项提取及结果可视化

本书将收集到的英文事故信息翻译成中文，和中文事故信息整合到一起，再用 Jieba 库对原始语料进行分词处理，共得到 3058 个原始特征词，见表 3.2。由分词结果可知，文本分词后得到大量的原始词汇，如"尾矿库""事故""原因""公司"等对尾矿库风险致因分析无用的词，通过添加到停用词词库，对其进行删除处理，而"液化""暴雨""大雨"等词汇，需要将其归纳到同义词词典，进行保留统计。

表 3.2　尾矿库事故原始特征词（部分）

| 序号 | 特征词 | 词频 | 序号 | 特征词 | 词频 |
|---|---|---|---|---|---|
| 1 | 尾矿库 | 238 | 16 | 公司 | 26 |
| 2 | 尾矿 | 193 | 17 | 隧洞 | 23 |
| 3 | 坝体 | 116 | 18 | 建设 | 22 |
| 4 | 溃坝 | 94 | 19 | 基础 | 22 |
| 5 | 事故 | 71 | 20 | 影响 | 21 |
| 6 | 设计 | 71 | 21 | 设施 | 20 |
| 7 | 施工 | 63 | 22 | 坝顶 | 19 |
| 8 | 原因 | 53 | 23 | 条件 | 19 |
| 9 | 尾砂 | 38 | 24 | 局部 | 19 |
| 10 | 水位 | 32 | 25 | 污染 | 19 |
| 11 | 暴雨 | 32 | 26 | 强度 | 19 |
| 12 | 液化 | 31 | 27 | 分析 | 18 |
| 13 | 地震 | 29 | 28 | 选矿厂 | 18 |
| 14 | 大量 | 29 | 29 | 有限公司 | 17 |
| 15 | 生产 | 28 | …… | …… | …… |

文本挖掘的过程并不是一次性完成的，过程中需要对专用词词典、停用词词典和同义词词典的不断更新，以得到更准确的结果。因此，本书通过 Python 编程语言的 Jieba 中文分词库对原始文本语料库进行多轮的挖掘，共得到 45 个关键特征项，见表 3.3。

表 3.3　尾矿库关键特征项

| 序号 | 关键特征项 | 序号 | 关键特征项 |
| --- | --- | --- | --- |
| 1 | 溃坝 | 24 | 超量或超速排放尾矿 |
| 2 | 降雨 | 25 | 设计不规范 |
| 3 | 排洪系统受损 | 26 | 乱采滥挖 |
| 4 | 库水位高 | 27 | 干滩长度不足 |
| 5 | 坍塌 | 28 | 坝体超高 |
| 6 | 坝体液化 | 29 | 坝体渗透性差 |
| 7 | 坝体稳定性差 | 30 | 调洪库容不足 |
| 8 | 地震 | 31 | 不均匀沉降 |
| 9 | 施工质量差 | 32 | 冰雪融化 |
| 10 | 安全管理不到位 | 33 | 违反安全生产规程 |
| 11 | 违反设计或规范施工 | 34 | 尾砂过细 |
| 12 | 滑坡 | 35 | 安全意识差 |
| 13 | 洪水漫顶 | 36 | 违规建设 |
| 14 | 违章作业 | 37 | 违规运营 |
| 15 | 边坡过陡 | 38 | 山体滑坡 |
| 16 | 侵蚀 | 39 | 管涌 |
| 17 | 浸润线高 | 40 | 降雪 |
| 18 | 渗流破坏 | 41 | 山洪暴发 |
| 19 | 坝体破裂 | 42 | 未采取有效排洪措施 |
| 20 | 泥石流 | 43 | 尾矿堆放不均匀 |
| 21 | 缺乏数据资料 | 44 | 未设排渗设施 |
| 22 | 排洪设施能力不足 | 45 | 尾矿库砂滩干化 |
| 23 | 工程地质不良 | | |

为了使关键特征项直观展示，本书通过调用 Python 编程语言的 Wordcloud 库构建关键特征项词云图，如图 3.6 所示。其中，字体越大，关键特征项的频率越高。通过词云图可知，溃坝字体最大，在收集到的事故信息中溃坝事故发生的最多，其次是降雨、排洪系统受损、库水位高、坝体液化、坝体稳定性差字体较大，说明这些特征项对尾矿库事故的影响较大。同样，尾矿库事故也常由施工质量差、安全管理不到位、违反设计或规范施工等因素导致。

**图 3.6　关键特征项词云图**

## 3.4.2　尾矿库事故致因归纳整理

为便于后文分析，依据关键特征项对尾矿库风险致因按"人—物—环—管"进行分类和编码，见表 3.4。其中，溃坝（A）是事故类型，因此不对其进行分类，洪水漫顶、坍塌、滑坡、渗流破坏既是尾矿库风险致因，也是尾矿库事故类型，在本节中将其归纳为尾矿库风险致因中物的因素。例如，管理人员和施工人员未按规范施工，导致坝体超高或边坡过陡，诱发尾矿库发生失稳滑坡，若无拯救措施，在降雨或地震的进一步耦合作用下滑坡面不断增大，发生溃坝灾害[147]。在收集到的事故信息中，泥石流大部分是由人员乱采滥挖、废石弃土在暴雨冲刷下形成的，或由于溃坝引发的，因此，将泥石流归纳到物的因素，而非环境因素中。

表 3.4　尾矿库风险致因

| 风险因素分类 | 编码 | 风险致因 | 风险因素分类 | 编码 | 风险致因 |
|---|---|---|---|---|---|
| 物的因素 | $TF_1$ | 排洪系统受损 | 人员因素 | $HF_1$ | 施工质量差 |
| | $TF_2$ | 库水位高 | | $HF_2$ | 违反设计或规范施工 |
| | $TF_3$ | 坍塌 | | $HF_3$ | 违章作业 |
| | $TF_4$ | 坝体液化 | | $HF_4$ | 超量或超速排放尾矿 |
| | $TF_5$ | 坝体稳定性差 | | $HF_5$ | 安全意识差 |
| | $TF_6$ | 滑坡 | | $HF_6$ | 乱采滥挖 |
| | $TF_7$ | 洪水漫顶 | | $HF_7$ | 未采取有效排洪措施 |
| | $TF_8$ | 边坡过陡 | | $HF_8$ | 未设排渗设施 |
| | $TF_9$ | 浸润线高 | 环境因素 | $EF_1$ | 降雨 |
| | $TF_{10}$ | 渗流破坏 | | $EF_2$ | 地震 |
| | $TF_{11}$ | 坝体破裂 | | $EF_3$ | 工程地质不良 |
| | $TF_{12}$ | 泥石流 | | $EF_4$ | 冰雪融化 |
| | $TF_{13}$ | 排洪设施能力不足 | | $EF_5$ | 山体滑坡 |
| | $TF_{14}$ | 干滩长度不足 | | $EF_6$ | 降雪 |
| | $TF_{15}$ | 坝体超高 | | $EF_7$ | 山洪暴发 |
| | $TF_{16}$ | 坝体渗透性差 | 管理因素 | $MF_1$ | 安全管理不到位 |
| | $TF_{17}$ | 调洪库容不足 | | $MF_2$ | 缺乏数据资料 |
| | $TF_{18}$ | 不均匀沉降 | | $MF_3$ | 设计不规范 |
| | $TF_{19}$ | 尾砂过细 | | $MF_4$ | 违反安全生产规程 |
| | $TF_{20}$ | 尾矿堆放不均匀 | | $MF_5$ | 违规建设 |
| | $TF_{21}$ | 尾矿库砂滩干化 | | $MF_6$ | 违规运营 |
| | $TF_{22}$ | 侵蚀 | | | |
| | $TF_{23}$ | 管涌 | | | |

# 3.5　本章小结

　　本章首先梳理了文本挖掘的基本流程，主要包括文本收集、文本预处理、文本信息挖掘（即特征提取）及结果可视化四个阶段。其次，通过专用词词典、停用词词典、同义词词典，运用 Python 编程语言中的 Jieba 中文分词库进行文本分词，得到 45 个关键特征项，并绘制词云图进行直观展示，发现溃坝事故发生得最多，其次是降雨、排洪系统受损、库水位高、坝体液化、坝体稳定性差等事故致因。最后，按"人—物—环—管"四个层面对尾矿库事故致因进行分类。

# 第 *4* 章

# 基于关联规则的尾矿库事故致因关联分析

## 4.1 关联规则概述

### 4.1.1 关联规则的相关概念

尾矿库事故的发生有时不是由单一风险隐患导致的，而是由多种风险隐患耦合导致。因此，预防事故的发生不仅要识别事故致因，还需探究事故致因间的关联关系。Agrawal 等[148]在 1993 年根据超市购物篮数据，提出了关联规则的概念，目的在于探究不同的商品在被顾客购买时，是否存在某种联系。例如，超市人员通过分析超市购物篮发现 A 商品和 B 商品被客户同时购买的频率较高，就可以把 A 商品和 B 商品放在同一货架，刺激购买其中一个商品的客户可以同时购买另一个商品。

关联规则是数据挖掘方法中的一种，可以发现数据集中隐藏的关系或模式[149]，已广泛应用于医学[150]、故障预警[151]、建筑[152]和铁路[153]等行业的事故因果关系分析等领域。按照关联规则的定义，事务集 $D$ 为分析对象，$D = \{d_1, d_2, \cdots, d_n\}$，$d_i$ 为事务，例如：表 4.1 中有 6 个事务；$i_k$ 为项，例如：违反设计或规范施工、不均匀沉降、边坡过陡等都称为一个项；$I$ 为项集，$I = \{i_1, i_2, \cdots, i_m\}$，例如：{违反设计或规范施工，边坡过陡，不均匀沉降、坝体稳定性差}、{违反设计或规范施工，边坡过陡}；$k$ – 项集为包含 $k$ 个项的项集，例如：{违反设计或规范施工，边坡过陡｝为2-项集；前项和后项，对于规则 ｛违反设计或规范施工｝ → ｛边坡过陡｝，其中 ｛违反设计或规范施工｝ 为前项，｛边坡过陡｝ 为后项。

表4.1　实例事务集 $D$

| 交易示例 | |
| --- | --- |
| 交易1 | 违反设计或规范施工，边坡过陡，坝体稳定性差，不均匀沉降 |
| 交易2 | 违反设计或规范施工，边坡过陡，施工质量差，不均匀沉降 |
| 交易3 | 违反设计或规范施工，边坡过陡 |
| 交易4 | 违反设计或规范施工，施工质量差，坝体超高 |
| 交易5 | 施工质量差，边坡过陡，坝体稳定性差，不均匀沉降 |
| 交易6 | 施工质量差，不均匀沉降 |

关联规则主要包含两个步骤：

（1）频繁项集挖掘。即依据设置的阈值，将事物集中的频繁项集找出来。

（2）筛选关联规则。根据（1）挖掘出的频繁项集，将符合要求的关联规则选处。

## 4.1.2　关联规则筛选标准

支持度（Support）、置信度（Confidence）、提升度（Lift）是筛选关联规则常用的指标。因为，在对数据进行关联规则挖掘时，会产生大量的关联规则，为了提高挖掘效率和筛选出有价值的规则，需要设置支持度、置信度、提升度的值作为筛选关联规则的标准。

（1）支持度（Support）。项集 $M$、$N$ 同时出现事物集 $D$ 的概率，表示规则出现的频度。count（$M \cap N$）为事务集 $D$ 中同时包含 $M$ 和 $N$ 的数量，$W$ 为事务集 $D$ 中事务的总数，其计算公式如下：

$$\text{Sup}(M \rightarrow N) = P(MN) = \frac{\text{count}(M \cap N)}{W} \tag{4.1}$$

（2）置信度（Confident）。项集 $M$ 出现的情况下，项集 $N$ 出现的概率，即项集的条件概率，表示了规则出现的强度，其公式如下所示：

$$\text{Conf}(M \rightarrow N) = P(N|M) = \frac{\text{Sup}(M \rightarrow N)}{\text{Sup}(M)} \tag{4.2}$$

（3）提升度（Lift）。提升度的概念是 Brin 等[154] 于 1997 年提出的，主要考虑到，即使支持度和置信度都很高，也有可能产生无用的关联规则，即 $M$ 的支持度与关联规则 $M{\rightarrow}N$ 的支持度是否会存在相关性。因此，提升度是指 $M{\rightarrow}N$ 的置信度与 $N$ 的支持度之比，旨在衡量项集 $N$ 在项集 $M$ 条件下发生的概率是否有明显的提升，其公式如下所示：

$$\text{Lift}(M{\rightarrow}N) = \frac{\text{Conf}(M{\rightarrow}N)}{\text{Sup}(N)} \tag{4.3}$$

Lift（$M{\rightarrow}N$）＞1，代表有 $M$ 对 $N$ 有提升作用；Lift（$M{\rightarrow}N$）＝1，代表 $M$ 对 $N$ 的出现没有影响；Lift（$M{\rightarrow}N$）＜1，代表 $M$ 对 $N$ 有阻碍作用。

（4）若 $M{\rightarrow}N$ 的支持度、置信度均大于最小支持度（MinSup）、最小置信度（MinConf），则 $M{\rightarrow}N$ 为强关联规则。

## 4.1.3　关联规则的分类

尾矿库安全事故案例所蕴含的数据资料是珍贵且稀缺的。然而，这些数据中所包含的原始安全风险信息通常表现为分散、零散且静态的形式。若期望凭借这些原始数据实现对尾矿库安全生产风险的分析，深入挖掘尾矿库事故致因的内在规律与机理，往往需要经历长期的数据收集和经验积累，对数据的时效性构成了一定限制。因此，对这些数据进行深度挖掘和智能分析，成为安全领域研究者持续努力探索的重要任务，这一任务复杂且艰巨。根据研究内容和研究对象的差异，关联规则可以分为以下几类。

1. 数值型和布尔型

根据关联规则所处理变量类型的不同，可以将关联规则分为数值型关联规则和布尔型关联规则两大类。数值型关联规则主要应用于对数值型数据的分析，例如，尾矿坝总坝高 122.5m→尾矿堆积坝高 61.5m；而布尔型关联规则专注于处理离散的、种类化的数据，例如，安全管理不到位→违章作业。

2. 单层关联和多层关联

根据关联规则中数据抽象层级的差异，可以将关联规则分为单层关联规则和多层关联规则两大类。在单层关联规则中，涉及的所有变量均属于一个抽象层次，例如，安全管理不到位→违规操作；而多层关联规则涉及不同层次变量之间的关系，例如，管理因素→违章作业，是一个较高层次和一个细节层次之间的多层关联规则。

3. 单维关联和多维关联

根据关联规则中所涉及的数据维度不同，可以将关联规则分为单维关联规则和多维关联规则两大类。在单维关联规则中，所涉及的变量均源自同一维度，此类规则聚焦于单一维度内的数据关联，例如，环境因素→物的因素，变量只涉及尾矿库事故的原因属性。而多维关联规则涉及跨越不同维度的变量，能够揭示不同维度之间数据的关联性，例如，管理因素→溃坝，变量涉及尾矿库事故的原因和类型两个属性。

## 4.1.4　Apriori 关联规则挖掘算法

关联规则的算法有 Apriori 算法、MsEclat 算法、FP – Growth 算法等，其中 Apriori 算法具有操作简单、原理易懂的特点，被广泛使用。Apriori 算法为逐层搜索的迭代运算方法。

1. Apriori 算法流程

Apriori 算法的具体流程如图 4.1 所示：

（1）对初始事务集进行扫描，确定候选 1 – 项集。

（2）计算候选 1 – 项集的支持度，对小于最小支持度的项集进行删除，得到频繁 1 – 项集；

（3）对频繁 1 – 项集进行连接，得到候选 2 – 项集，并对其进行候选剪枝；

（4）计算候选 2 – 项集的支持度，对小于最小支持度的项集进行删除，得到频繁 2 – 项集；

（5）重复步骤（2）～（4），频繁项集为空集，即找到所有频繁项集；

（6）计算所有频繁项集的置信度，对小于最小值置信度的项集进行删除，即得到强关联规则。

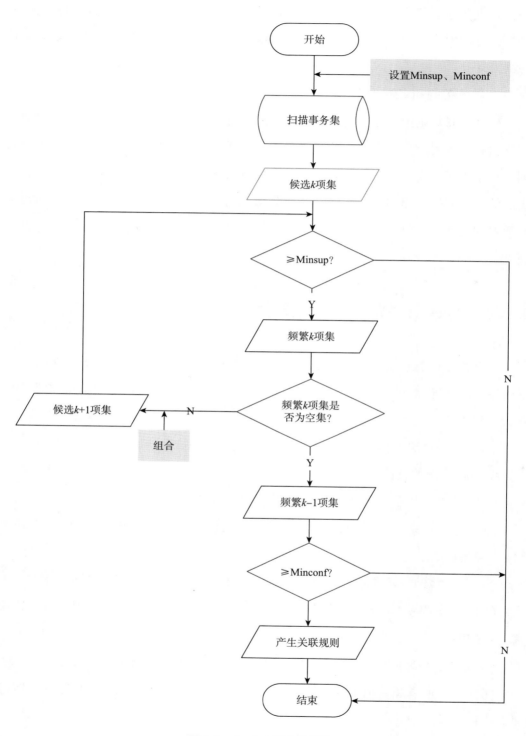

图 4.1　Apriori 算法流程图

## 2. Apriori 算法举例

通过运用 Apriori 算法，对表 4.1 所示的实例事务集 $D$ 内的样本数据进行关联规则挖掘操作，将实例的最小支持度阈值设定为 50%，采用逐步搜索和全面遍历，获得了满足条件的频繁项集。

频繁项集的挖掘流程如图 4.2 所示：

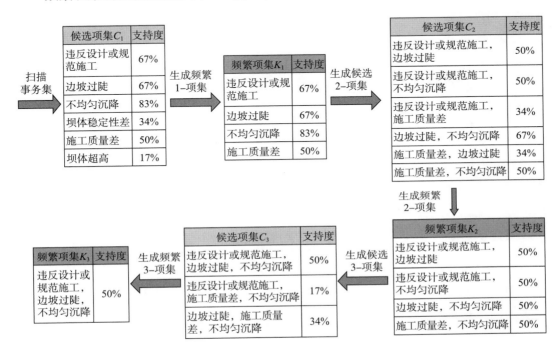

**图 4.2　频繁项集挖掘过程**

（1）对表 4.1 中的数据进行支持度计算；

（2）从候选项集 $C_1$ 中，选出大于阈值的项集，确定频繁 1 - 项集 $K_1$ = ｛违反设计或规范施工，边坡过陡，不均匀沉降，施工质量差｝；

（3）对频繁 1 - 项集，进行拼接，组成候选 2 - 项集，$C_2$ = ｛｛违反设计或规范施工，边坡过陡｝，｛违反设计或规范施工，不均匀沉降｝，｛违反设计或规范施工，施工质量差｝，｛边坡过陡，不均匀沉降｝，｛施工质量差，边坡过陡｝，｛施工质量差，不均匀沉降｝｝；

（4）计算候选 2 - 项集的支持度，与最小支持度进行比较，得出频繁 2 - 项集 $K_2$ = ｛｛违反设计或规范施工，边坡过陡｝，｛违反设计或规范施工，不均匀沉降｝，｛边坡过陡，不均匀沉降｝，｛施工质量差，不均匀沉降｝｝；

（5）对频繁 2 – 项集，进行拼接，组成候选 3 – 项集 $C_3 = $ ｛｛违反设计或规范施工，边坡过陡，不均匀沉降｝，｛违反设计或规范施工，不均匀沉降，施工质量差｝，｛边坡过陡，不均匀沉降，施工质量差｝｝；

（6）计算候选 3 – 项集的支持度，只有项集 ｛违反设计或规范施工，边坡过陡，不均匀沉降｝ 的支持度大于等于50％，故频繁 3 – 项集 $K_3 = $ ｛违反设计或规范施工，边坡过陡，不均匀沉降｝。

# 4.2　基于 Apriori 算法的事故致因关联分析

## 4.2.1　数据来源

对尾矿库事故中蕴含的致因进行关联规则分析，不仅有助于及时发现风险致因间潜在的关联关系，还能够为尾矿库安全风险防控提供重要依据。在第 3 章中，通过对 164 份尾矿库事故案例进行深挖掘与分析，本书实现了将事故文本非结构化转化为结构化数据信息，为后续的关联规则挖掘奠定基础。本书用于关联规则挖掘的基础数据见表 4.2。

表 4.2　尾矿库事故致因数据集

| 序号 | 风险因素 |
|------|----------|
| 1 | 坝体稳定性差，不均匀沉降，滑坡，溃坝 |
| 2 | 违反设计或规范施工，降雨，缺乏数据资料，排洪系统受损，排洪设施能力不足，未采取有效排洪措施，库水位高，洪水漫顶，溃坝 |
| 3 | 违反设计或规范施工，施工质量差，调洪库容不足，不均匀沉降，排洪系统受损，安全管理不到位，降雨，排洪设施能力不足 |
| 4 | 边坡过陡，施工质量差，违反设计或规范施工，缺乏数据资料，不均匀沉降，坝体破损，浸润线高，安全管理不足，溃坝 |
| ... | ...... |
| 164 | 渗流破坏，未设置排渗设施，坝体渗透性差，库水位高，边坡过陡，溃坝 |

运用关联规则对尾矿事故致因间的关联关系进行挖掘时，可以将每一起事故视为一笔交易，事故中的致因则视为交易中的商品项。在关联规则分析中，数据的呈现方式主要有交易数据表格和真值数据表格两种形式，见表4.3和表4.4。本书采用交易数据表格形式。

**表4.3 交易数据表格**

| 案例 | 事故风险致因 |
| --- | --- |
| 1 | 坝体稳定性差 |
| 1 | 不均匀沉降 |
| 1 | 滑坡 |
| 1 | 溃坝 |
| 2 | 违反设计或规范施工 |
| 2 | 降雨 |

**表4.4 真值数据表格**

| 案例 | 不均匀沉降 | 溃坝 | 降雨 | 排洪系统受损 | 缺乏数据资料 |
| --- | --- | --- | --- | --- | --- |
| 1 | T | T | F | F | F |
| 2 | F | T | T | T | T |
| 3 | T | F | T | T | F |
| 4 | T | T | F | F | T |

## 4.2.2 尾矿库事故致因关联规则挖掘

本书选取 Python 编程语言作为挖掘关联规则的主要工具。在 Apriori 算法中，最小支持度和最小置信度阈值的设定极为重要，这两个参数的设定直接决定了关联规则的挖掘结果和质量。通过查阅相关文献，发现当前关于如何设置两个参数的阈值还没有统一标准。为了确保挖掘结果既不会遗漏重要规则，也不会过于冗余，本书依据尾矿库事故特点，采用试错法，通过反复设置最小支持度和最小置信度，最终，确定了合适的阈值，即最小支持度为0.025，最小置信度为0.4，共得到172条强关联规则，如图4.3所示。图中直观展示了关联规则各项指标的分布情况。强关联规则不仅揭示了影响尾矿库安全的事故致因，还探究了事故因素间的关联关系，正是由于这些事故因素间的相互耦合，尾矿库事故发生的概率才会增加。

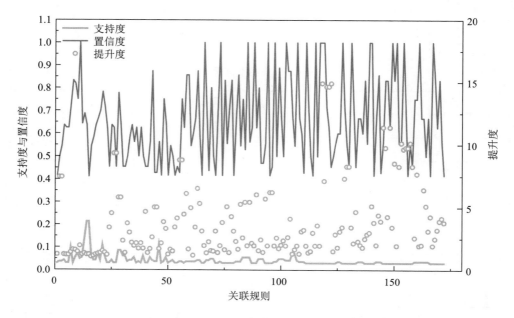

**图 4.3 关联规则支持度、置信度和提升度统计图**

从图 4.3 中可以得出，支持度分布在 0.03～0.25 之间，关联规则中有 90.7% 的支持度分布在 0.03～0.06 之间，支持度偏低；置信度分布在 0.4～1.0 之间，且分布较为均匀；提升度分布在 1～15 之间，关联规则中 95.3% 的提升度分布在 1～10 之间。

## 4.2.3 高支持度关联规则

通过对 172 条强关联规则挖掘结果进行分析，选取了支持度位列前 25 的关联规则进行详细分析，见表 4.5。每一条高支持度关联规则都包含其前项、后项，以及与之相应三个指标。经统计分析发现，这些关联规则的支持度分布在 0.05～0.22 区间内，置信度分布在 0.41～1 区间内，提升度则分布在 1.05～5.80 区间内。这些高支持度的关联规则有效地揭示了尾矿库事故信息中频繁出现的事故致因组合，称之为高频致因组。高频致因组对尾矿库安全风险的预防控制具有重要的实际意义。

基于表 4.5 的分析结果可知，支持度最高的规则是"降雨→溃坝"，支持度为 0.21341，表明在某起尾矿库事故中，"降雨"和"溃坝"同时出现的概率为 21.341%。同样地，可以挖掘出尾矿库事故中其他出现频率较高的致因组合，主要有：降雨和溃坝；库水位高和溃坝；库水位高和降雨；坝体稳定性差和溃坝；安全管理不到位和溃坝；地震和坝体液化；库水位高、溃坝和降雨；洪水漫顶和溃坝；为规范设计或规范施工和溃坝；坝体液化和溃坝；安全管理不到位和库水位高；施工质量差和排洪系统受损；浸润线高和溃坝；溃坝、排洪系统受损和洪水漫顶；洪水漫顶和排洪系统受损；洪水漫顶和降雨；泥石流和溃坝；边坡过陡和溃坝。上述内容展示了尾矿库事故中频繁出现的多种致因组合，这些因素通常会共同出现，进而引发尾矿库事故，它们之间的相互耦合作用严重威胁了尾矿库安全运行。因此，需对这些因素予以高度重视，并采取有效防控措施，以期降低尾矿库事故发生的概率，保障尾矿库的安全运行。

表 4.5　高支持度关联规则

| 序号 | 前项 | 后项 | 支持度 | 置信度 | 提升度 |
|---|---|---|---|---|---|
| 1 | 溃坝 | 降雨 | 0.21341 | 0.41176 | 1.22781 |
| 2 | 降雨 | 溃坝 | 0.21341 | 0.63636 | 1.22781 |
| 3 | 库水位高 | 溃坝 | 0.13415 | 0.68750 | 1.32647 |
| 4 | 坝体稳定性差 | 溃坝 | 0.10976 | 0.78261 | 1.50997 |
| 5 | 库水位高 | 降雨 | 0.10976 | 0.56250 | 1.67727 |
| 6 | 安全管理不到位 | 溃坝 | 0.09756 | 0.72727 | 1.40321 |
| 7 | 坝体液化 | 地震 | 0.08537 | 0.63636 | 5.79798 |
| 8 | 地震 | 坝体液化 | 0.08537 | 0.77778 | 5.79798 |
| 9 | 坝体液化 | 溃坝 | 0.07317 | 0.54545 | 1.05241 |
| 10 | 违反设计或不规范施工 | 溃坝 | 0.07317 | 0.66667 | 1.28627 |
| 11 | 库水位高降雨 | 溃坝 | 0.07317 | 0.66667 | 1.28627 |
| 12 | 洪水漫顶 | 溃坝 | 0.07317 | 0.75000 | 1.44706 |
| 13 | 库水位高，溃坝 | 降雨 | 0.07317 | 0.54545 | 1.62645 |
| 14 | 安全管理不到位 | 降雨 | 0.06098 | 0.45455 | 1.35537 |
| 15 | 浸润线高 | 溃坝 | 0.06098 | 0.71429 | 1.37815 |
| 16 | 施工质量差 | 排洪系统受损 | 0.06098 | 0.50000 | 1.70833 |

续表

| 序号 | 前项 | 后项 | 支持度 | 置信度 | 提升度 |
|------|------|------|--------|--------|--------|
| 17 | 安全管理不到位 | 库水位高 | 0.06098 | 0.45455 | 2.32955 |
| 18 | 边坡过陡 | 溃坝 | 0.05488 | 0.64286 | 1.24034 |
| 19 | 泥石流 | 溃坝 | 0.05488 | 0.81818 | 1.57861 |
| 20 | 洪水漫顶 | 降雨 | 0.05488 | 0.56250 | 1.67727 |
| 21 | 洪水漫顶 | 排洪系统受损 | 0.05488 | 0.56250 | 1.92188 |
| 22 | 洪水漫顶，排洪系统受损 | 溃坝 | 0.05488 | 1.00000 | 1.92941 |
| 23 | 溃坝，洪水漫顶 | 排洪系统受损 | 0.05488 | 0.75000 | 2.56250 |
| 24 | 浸润线高 | 库水位高 | 0.05488 | 0.64286 | 3.29464 |
| 25 | 溃坝，排洪系统受损 | 洪水漫顶 | 0.05488 | 0.52941 | 5.42647 |

## 4.2.4 高置信度关联规则

通过对 172 条强关联规则挖掘结果进行分析，本书选取了置信度位列前 25 的关联规则进行详细分析，见表 4.6。每一条高置信度关联规则都包含其前项、后项，以及与之相应的三个指标。经统计分析发现，这些关联规则的置信度分布在 0.03 至 0.05 区间内，置信度分布在 0.87 ~ 1 区间内，提升度则分布在 1.71 ~ 14.91 区间内。高置信度关联规则表明在尾矿库事故中各项致因间的关联关系置信度较高，主要包括洪水漫顶、排洪系统受损和溃坝；排洪设施能力不足和溃坝；降雨、排洪设施能力不足和溃坝；库水位高、坝体稳定性差和溃坝；安全管理不到位、坝体稳定性差和溃坝；库水位高、洪水漫顶和溃坝；降雨、洪水漫顶、排洪系统受损和溃坝；安全管理不到位、洪水漫顶和溃坝；排洪设施能力不足、排洪系统受损和溃坝；泥石流、洪水漫顶和溃坝；降雨、坝体稳定性差和溃坝；违反设计或规范施工、坝体稳定性差和溃坝；浸润线高、坝体稳定性差和溃坝；泥石流、洪水漫顶、排洪系统受损和溃坝；库水位高、降雨、洪水漫顶和溃坝；库水位高、设计不规范和降雨；泥石流、洪水漫顶和排洪系统受损；泥石流、洪水漫顶和排洪系统受损；降雨、设计不规范和库水位高；干滩长度不足、违章作业和坝体稳定性差；降雨、洪水漫顶和溃坝；排洪设施能力不足和降雨。在尾矿库事故信息中，上述安全风险因素的关联性较高，因此在尾矿库事故的预防工作中，必须对相关致因进行重点监控和防范，以避免因素之间相互关联而引发更为严重的事故。

表 4.6　高置信度关联规则

| 序号 | 前项 | 后项 | 支持度 | 置信度 | 提升度 |
|---|---|---|---|---|---|
| 1 | 洪水漫顶，排洪系统受损 | 溃坝 | 0.05488 | 1.00000 | 1.92941 |
| 2 | 排洪设施能力不足 | 溃坝 | 0.04878 | 1.00000 | 1.92941 |
| 3 | 降雨，排洪设施能力不足 | 溃坝 | 0.04268 | 1.00000 | 1.92941 |
| 4 | 库水位高，坝体稳定性差 | 溃坝 | 0.04268 | 1.00000 | 1.92941 |
| 5 | 安全管理不到位，坝体稳定性差 | 溃坝 | 0.03659 | 1.00000 | 1.92941 |
| 6 | 库水位高，洪水漫顶 | 溃坝 | 0.03659 | 1.00000 | 1.92941 |
| 7 | 降雨，洪水漫顶，排洪系统受损 | 溃坝 | 0.03659 | 1.00000 | 1.92941 |
| 8 | 安全管理不到位，洪水漫顶 | 溃坝 | 0.03049 | 1.00000 | 1.92941 |
| 9 | 排洪设施能力不足，排洪系统受损 | 溃坝 | 0.03049 | 1.00000 | 1.92941 |
| 10 | 泥石流，洪水漫顶 | 溃坝 | 0.03049 | 1.00000 | 1.92941 |
| 11 | 降雨，坝体稳定性差 | 溃坝 | 0.03049 | 1.00000 | 1.92941 |
| 12 | 违反设计或规范施工，坝体稳定性差 | 溃坝 | 0.03049 | 1.00000 | 1.92941 |
| 13 | 浸润线高，坝体稳定性差 | 溃坝 | 0.03049 | 1.00000 | 1.92941 |
| 14 | 泥石流，洪水漫顶，排洪系统受损 | 溃坝 | 0.03049 | 1.00000 | 1.92941 |
| 15 | 库水位高，降雨，洪水漫顶 | 溃坝 | 0.03049 | 1.00000 | 1.92941 |
| 16 | 库水位高，设计不规范 | 降雨 | 0.03049 | 1.00000 | 2.98182 |
| 17 | 泥石流，洪水漫顶 | 排洪系统受损 | 0.03049 | 1.00000 | 3.41667 |
| 18 | 泥石流，降雨 | 排洪系统受损 | 0.03049 | 1.00000 | 3.41667 |
| 19 | 泥石流，溃坝，洪水漫顶 | 排洪系统受损 | 0.03049 | 1.00000 | 3.41667 |
| 20 | 降雨，设计不规范 | 库水位高 | 0.03049 | 1.00000 | 5.12500 |
| 21 | 干滩长度不足，违章作业 | 坝体稳定性差 | 0.03049 | 1.00000 | 7.13043 |
| 22 | 坝体稳定性差，干滩长度不足 | 违章作业 | 0.03049 | 1.00000 | 14.90909 |
| 23 | 降雨，洪水漫顶 | 溃坝 | 0.04878 | 0.88889 | 1.71503 |
| 24 | 排洪设施能力不足 | 降雨 | 0.04268 | 0.87500 | 2.60909 |
| 25 | 溃坝，排洪设施能力不足 | 降雨 | 0.04268 | 0.87500 | 2.60909 |

# 4.3　关联规则可视化分析

本书采用 Gephi 软件对全部尾矿库事故致因关联规则进行可视化展示和网络分析，如图4.4 所示。在网络图中，各个节点代表了事故致因的不同项集，节点的大小与节点对应的度值紧密相关，即节点的度值越高，节点越大；反之，节点度值越低，其节点也越小。网络中的边代表关联规则，边的宽度代表支持度的大小，支持度越高边越宽。通过图4.4 能直观地揭示事故因素间的关联关系，以及关联规则的强弱。网络节点中，A 的度值最大，说明与溃坝相关的事故致险因素最多，排洪系统受损 $TF_1$、库水位高 $TF_2$、降雨 $EF_1$ 的度值也较大，说明当发生排洪系统受损、降雨或库水位高时，尾矿库安全管理人员应重点关注，谨防事故的发生。有效控制度值较大的节点，能够显著降低节点在异常状态下对其余节点的潜在影响。

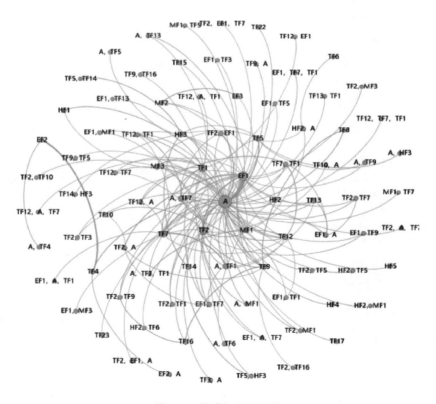

图 4.4　关联规则可视化

# 4.4　本章小结

本章首先以前文尾矿库事故信息为基础，运用关联规则对尾矿库事故致因间的关联关系进行了分析，通过 Apriori 算法得到了 172 条尾矿库风险因素强关联规则，发现支持度主要分布在 0.03 ~ 0.06 之间，置信度分布在 0.4 ~ 1.0 之间，提升度主要分布在 1 ~ 10 之间。其次，对支持度、置信度排名前 25 的强关联规则进行分析。最后，对关联规则进行可视化展示，发现溃坝的度值最大，其次是排洪设施受损、降雨和库水位高，与之相关的致因最多，在日常管理中需重点关注。

# 第 5 章

## 基于贝叶斯网络的尾矿库
## 事故致因演化分析

贝叶斯网络能够直观地展示一组变量间的概率关系，随着条件的变动而动态调整变量的概率，具备迅速分析和效果显著的特性。因此，该方法适用于处理尾矿库事故致因这类复杂的问题。因此，本章结合第 4 章尾矿库事故致因关联规则挖掘的结果来构建尾矿库事故贝叶斯网络，通过运用该模型，进一步量化评估各个事故致因对事故发生的影响程度，揭示致因内部的复杂相互作用即演化路径，从而有效应对尾矿库事故高度不确定性带来的风险挑战。

## 5.1 贝叶斯网络概论

贝叶斯网络（Bayesian networks，简称 BN），也称为贝叶斯信度网络（Bayesian belief networks，BBN）是图灵奖获得者朱迪亚·珀尔（Judea Pearl）提出的，利用有向无环图的形式描述随机变量及变量间的依赖关系[155]，是一种概率推理与图形结合的网络。贝叶斯网络主要由网络节点、有向弧和条件概率表三个要素构成，可以由二元组 $B = <G, P>$ 表示，其中 $G = <V, A>$ 是一个有向无环图，如图 5.1 所示，$G$ 为贝叶斯网络结构，$V$ 为节点表示随机变量，$A$ 为弧的集合，表示节点间的关系；$P$ 为网络参数，是网络中条件概率的集合[156]。

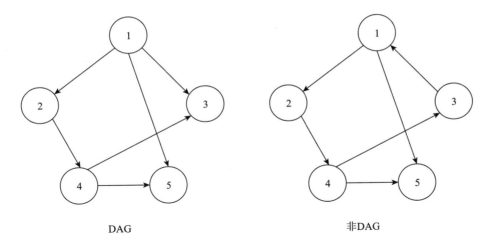

DAG         非DAG

图5.1 有向无环图

（1）条件概率指事件 $A$ 发生的基础上，$B$ 事件发生的概率，其中 $P(A) > 0$，如图 5.2 所示，是贝叶斯网络的核心，公式如下：

$$P(B|A) = \frac{P(A \cap B)}{P(A)} \tag{5.1}$$

（2）联合概率指两个事件所有可能组合的概率，其中 $P(A) > 0$，记作 $P(AB)$ 或 $P(A, B)$ 或 $P(A \cap B)$，公式如下：

$$P(AB) = P(A)P(B|A) \tag{5.2}$$

（3）全概率指某事件发生的概率是每种原因引起该事件发生概率的总和，如图 5.2 所示，其中，$P(A_i) > 0$，$P(A_1 \cap A_2 \cap \cdots \cap A_n) = 0$ 且 $P(A_1 \cup A_2 \cup \cdots \cup A_n) = 1$。公式如下：

$$P(B) = \sum_{1}^{n} P(A_i)P(B|A_i) = P(A_1)P(B|A_1) + \\ P(A_2)P(B|A_2) + \cdots + P(A_n)P(B|A_n) \tag{5.3}$$

（4）贝叶斯公式可由联合概率公式（5.2）和全概率公式（5.3）得到，其中，$P(A_i)$ 为先验概率，$P(A_i|B)$ 为后验概率，公式如下：

$$P(A_i|B) = \frac{P(A_i)P(B|A_i)}{\sum_{1}^{n} P(A_i)P(B|A_i)} \tag{5.4}$$

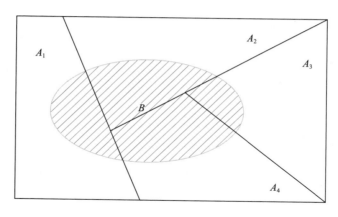

图 5.2　全概率示意图

## 5.2　贝叶斯网络模型构建

贝叶斯网络是一种直观的图形表示形式，具有图形结构和明确的参数赋值。在构建贝叶斯网络时，通常遵循以下四个步骤：

（1）识别贝叶斯网络节点。在构建贝叶斯网络的过程中，识别网络节点是基础且重要的一步。为确保网络的准确性，首先需要选择一组能够恰当反映研究问题的变量，并界定这些变量的初始状态。在贝叶斯网络中，每个变量的先验概率反映了该变量的初始状态，这些概率值可以通过原始数据来确定。

（2）确定贝叶斯网络结构。明确各个变量之间的因果关系，在图模型中表现为有向边连接。通常情况下，结构的确定是基于以往经验和对因果联系的理解。

（3）学习贝叶斯网络参数。在构建贝叶斯网络的过程中，对变量间因果关系的量化至关重要，有助于推导出变量的概率分布特性。传统的网络参数获取方式常常依赖专家意见，但这种方式耗时耗力。为了增强贝叶斯网络模型的准确性和可靠性，通常倾向于减少参数数量。

（4）分析贝叶斯网络模型。在完成参数学习之后，可以对贝叶斯网络模型进行敏感性分析和影响强度分析，深入探究尾矿库事故的演化路径。通过将具体案例整合至模型中，进行安全风险概率的推理运算，以验证模型的有效性和准确性。

# 5.3　尾矿库事故贝叶斯网络模型构建

## 5.3.1　网络节点的确定

本研究构建尾矿库事故贝叶斯网络模型采用 GeNIe 4.0 Academic 软件，其图形界面如图 5.3 所示。在构建贝叶斯网络的过程中，节点的确定是基础且至关重要的步骤，直接关联到网络规模的大小。因此，为了使网络结构简洁化，提高推理效率，在第 4 章关联规则挖掘结果的基础上，本章将强关联规则的前项和后项作为网络结构中的节点。因泥石流大部分是由人员乱采滥挖、废石弃土在暴雨冲刷下形成的或溃坝引发的，而贝叶斯网络是单向无环的网络图，为保证模型的有效性，故将该因素舍去。最终确定 23 个影响尾矿库安全的风险因素作为贝叶斯网络的节点，各节点的名称和编号见表 5.1。

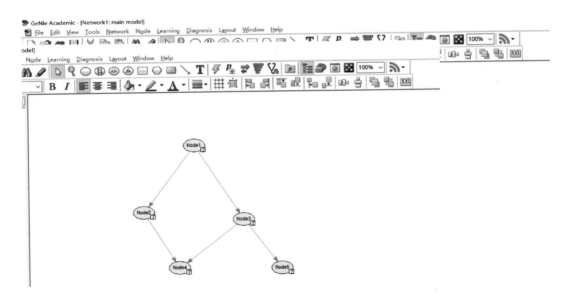

**图 5.3　GeNIe 4.0 Academic 软件工作界面**

表 5.1　贝叶斯网络节点

| 序号 | 编码 | 名称 | 序号 | 编码 | 名称 |
|------|------|------|------|------|------|
| 1 | $TF_1$ | 排洪系统受损 | 13 | $TF_{23}$ | 管涌 |
| 2 | $TF_2$ | 库水位高 | 14 | $HF_1$ | 施工质量差 |
| 3 | $TF_4$ | 坝体液化 | 15 | $HF_2$ | 违反设计或规范施工 |
| 4 | $TF_5$ | 坝体稳定性差 | 16 | $HF_3$ | 违章作业 |
| 5 | $TF_8$ | 边坡过陡 | 17 | $HF_4$ | 超量或超速排放尾矿 |
| 6 | $TF_9$ | 浸润线高 | 18 | $HF_5$ | 安全意识差 |
| 7 | $TF_{11}$ | 坝体破裂 | 19 | $EF_1$ | 降雨 |
| 8 | $TF_{13}$ | 排洪设施能力不足 | 20 | $EF_2$ | 地震 |
| 9 | $TF_{14}$ | 干滩长度不足 | 21 | $EF_3$ | 工程地质不良 |
| 10 | $TF_{15}$ | 坝体超高 | 22 | $MF_1$ | 安全管理不到位 |
| 11 | $TF_{16}$ | 坝体渗透性差 | 23 | $MF_3$ | 设计不规范 |
| 12 | $TF_{17}$ | 调洪库容不足 | | | |

在确定贝叶斯网络的 23 个节点之后，还需要将每个节点设置为"State0"和"State1"两个状态，"State1"代表尾矿库风险因素，节点值为 1；"State0"代表尾矿库风险因素不发生，节点值为 0。尾矿库风险因素和事故发生的概率在（0，1）之间。

## 5.3.2　贝叶斯网络构建

基于第 4 章强关联规则挖掘的结果，本章以尾矿库安全相关理论和专业知识为支撑，将事故致因的强关联性作为有向边，从而得到尾矿库事故贝叶斯网络结构。关联规则侧重于强调各因素同时出现的频率而非因果关系，其对共现性的敏感度高于因果性，但贝叶斯网络则侧重于因素间的单向因果关联。因此，在确定网络箭头的方向时，需遵循以下原则：一方面，根据提升度大小来决定，对于双向关联规则，优先选取提升度较高者设置单向箭头；另一方面，结合事故的实际情况、专业知识和常识，适时进行人工筛选和调整，确保箭头方向的合理性和准确性。贝叶斯网络节点与结构的确定是同步进行、相互影响的，基于尾矿库事故信息的关联规则挖掘结果为节点和结构的确立提供了指导。

在 GeNIe 4.0 Academic 软件通过调用工具栏中的"Chance"选项和"Arc"选项建立尾矿库事故的贝叶斯网络结构模型。将"Name"设置为节点名成，"Identifier"设置为节点编号，如图 5.4 所示。贝叶斯网络提供了按照名称（Name）或特征码（Identifier）查看网络结构的功能，按照名称查看的尾矿库事故贝叶斯网络如图 5.5 所示。

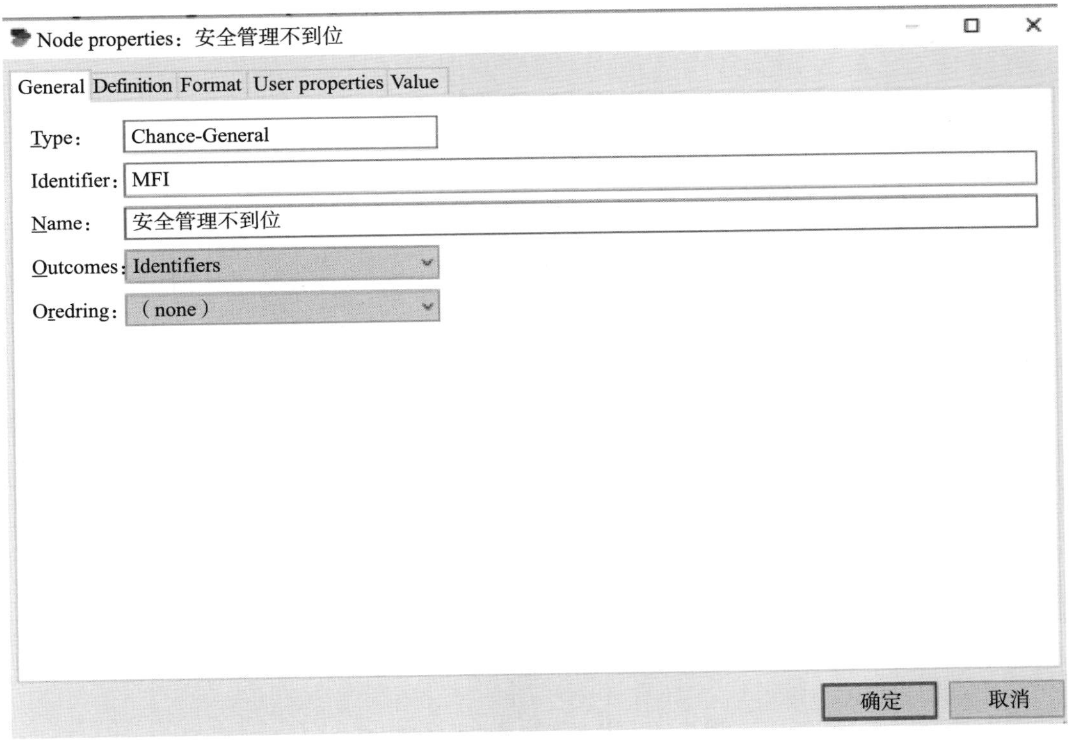

图 5.4 节点名称和节点编号示例

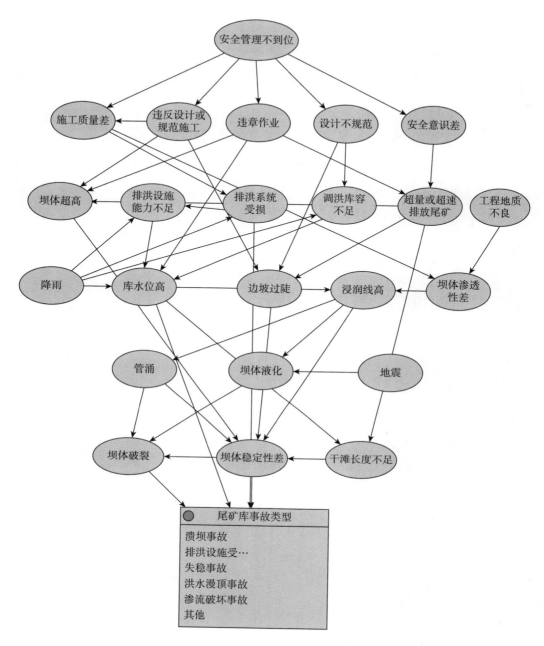

图 5.5　尾矿库事故贝叶斯网络结构

## 5.3.3　贝叶斯网络参数学习

基于尾矿库事故贝叶斯网络模型，采用 GeNIe 4.0 Academic 软件对标准化数据进行贝叶斯网络参数学习。参数学习主要分为两个步骤：第一，对网络中的节点进行初始化设置，确保节点在两种状态下概率分布均匀，均为 50%。第二，将预先处理过的 CSV 数据文件导入到贝叶斯网络中，确保变量名称和风险因素状态匹配，为"State0"和"State1"两种状态，分别与数字 0、1 对应，将尾矿库事故分为 6 种：溃坝事故、排洪设施受损事故、失稳事故、洪水漫顶事故、渗流破坏事故和其他事故，而失稳事故包含滑坡、坍塌等，事故类型分别与数字 1、2、3、4、5、6 对应，如图 5.6 所示，最终得到各个节点的条件概率表。其中，一个节点的父节点越多，其条件概率表越复杂。在构建尾矿库贝叶斯网络模型时，当一个节点变量的条件概率发生变动时，其相关联的节点概率也会在模型运行后依据特定的算法发生相应的调整，这种概率的动态变化正是贝叶斯网络结构的核心特性，使得使用者能够准确描述尾矿库事故的风险演变。

| S | TF1 | TF2 | TF4 | TF5 | TF8 | TF9 | TF11 | TF13 | TF14 | TF15 | TF16 | TF17 | TF23 | HF1 | HF2 | HF3 |
|---|-----|-----|-----|-----|-----|-----|------|------|------|------|------|------|------|-----|-----|-----|
| 1 | 1 | 1 | 0 | 0 | 0 | 0 | 0 | 1 | 0 | 0 | 0 | 1 | 0 | 0 | 1 | 0 |
| 3 | 0 | 0 | 0 | 0 | 0 | 0 | 0 | 0 | 0 | 0 | 0 | 0 | 0 | 0 | 0 | 0 |
| 1 | 1 | 0 | 0 | 0 | 0 | 0 | 0 | 1 | 0 | 0 | 1 | 0 | 0 | 1 | 1 | |
| 1 | 0 | 0 | 0 | 1 | 1 | 0 | 0 | 0 | 0 | 0 | 0 | 0 | 0 | 0 | 0 | |
| 1 | 0 | 0 | 0 | 0 | 1 | 0 | 0 | 1 | 0 | 0 | 0 | 0 | 0 | 1 | 0 | |
| 1 | 0 | 0 | 0 | 0 | 0 | 0 | 0 | 0 | 0 | 0 | 0 | 0 | 0 | 0 | 0 | |

ociations between nodes/states and data columns/values.

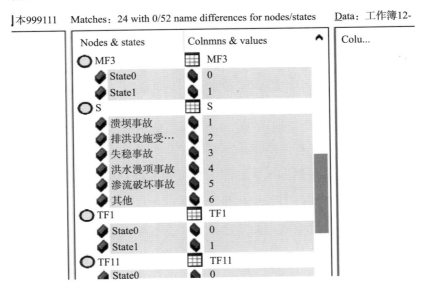

图 5.6　贝叶斯网络参数学习过程

# 5.4 贝叶斯网络推理分析

贝叶斯网络的推理能力指的是在已知贝叶斯网络的基础上，控制网络中一个节点或多个节点变化来推断其他节点的变化情况。在贝叶斯节点网络已知的情况下，基于模型中条件概率的计算，能够得出其他因素发生的概率。本节将对尾矿库事故贝叶斯网络进行推理学习，主要为敏感度分析和致因链分析，找出尾矿库事故的敏感性风险和关键致因链，为尾矿库安全管理提供科学依据。

## 5.4.1 敏感性分析

贝叶斯网络的敏感性分析，旨在得到父节点对子节点的影响程度。在安全管理领域的研究中，采用敏感性分析方法，可以识别出哪些节点对最终时间结果的影响较为显著，即确定高度敏感的节点。为了降低系统的复杂性和提高管理效率，对于高敏感度节点因素实施重点监控和提前预防；对于敏感性较弱的节点，可以暂时将其排除在考虑范围之外。

本节使用 GeNIe 4.0 Academic 对尾矿库事故节点进行敏感性分析，旨在识别出对尾矿库事故产生显著影响的关键敏感因素，并据此明确尾矿库事故风险管控的重点。面对要做敏感性分析的节点，用"Set Target"标记，再用"Sensitivity Analysis"对节点进行分析。以节点"尾矿库事故"为目标节点进行敏感性分析，如图5.7 所示。

由红色标注的节点为尾矿库事故的敏感因素，颜色越深，表明该节点与尾矿库事故间的敏感系数越高。根据图5.7 和图5.8 可知，得到尾矿库事故敏感性较高的因素有排洪系统受损、坝体破裂、坝体稳定性差、施工质量差、库水位高、干滩长度不足等，表明这些因素发生概率的增加或减少会影响尾矿库事故的发生概率，在制定安全管理措施时应重点关注。

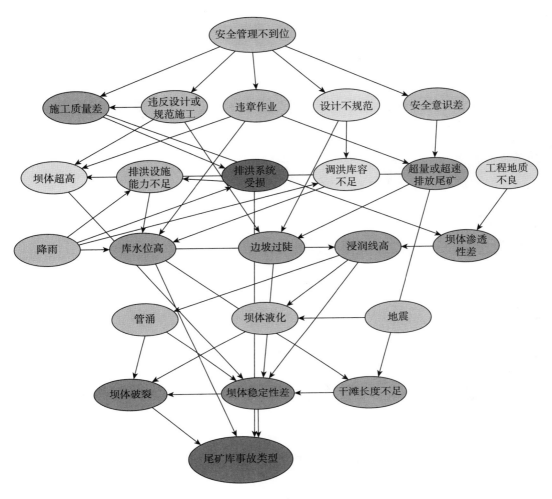

图 5.7　敏感性分析

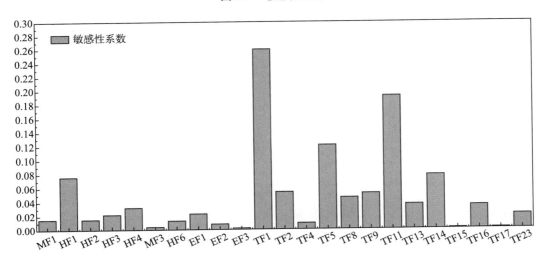

图 5.8　各节点敏感系数

## 5.4.2　致因演化分析

根据事故致因理论，一系列导致事故发生的致因，都存在相互关联的因果关系，事故致因之间的因果关系编织成链状结构，称之为致因链，是研究尾矿库事故风险演化路径的重要依据。本节根据 GeNIe 4.0 Academic 软件 "Strength of influence" 对尾矿库事故致因链进行分析，如图 5.9 所示，并使用 "Show arc list" 调用影响强度对话框，如图 5.10 所示。

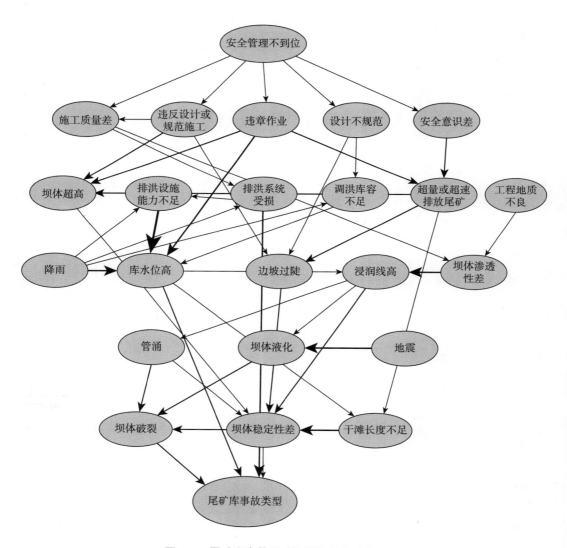

**图 5.9　尾矿库事故贝叶斯网络演化路径分析**

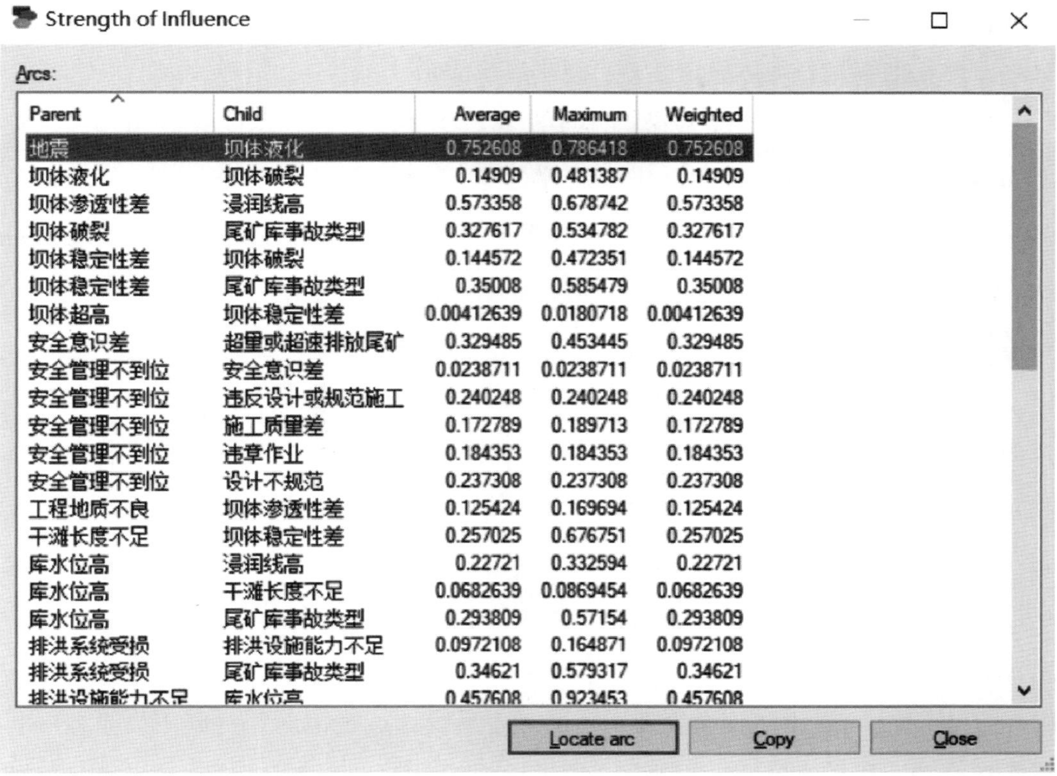


| Parent | Child | Average | Maximum | Weighted |
|---|---|---|---|---|
| 地震 | 坝体液化 | 0.752608 | 0.786418 | 0.752608 |
| 坝体液化 | 坝体破裂 | 0.14909 | 0.481387 | 0.14909 |
| 坝体渗透性差 | 浸润线高 | 0.573358 | 0.678742 | 0.573358 |
| 坝体破裂 | 尾矿库事故类型 | 0.327617 | 0.534782 | 0.327617 |
| 坝体稳定性差 | 坝体破裂 | 0.144572 | 0.472351 | 0.144572 |
| 坝体稳定性差 | 尾矿库事故类型 | 0.35008 | 0.585479 | 0.35008 |
| 坝体超高 | 坝体稳定性差 | 0.00412639 | 0.0180718 | 0.00412639 |
| 安全意识差 | 超量或超速排放尾矿 | 0.329485 | 0.453445 | 0.329485 |
| 安全管理不到位 | 安全意识差 | 0.0238711 | 0.0238711 | 0.0238711 |
| 安全管理不到位 | 违反设计或规范施工 | 0.240248 | 0.240248 | 0.240248 |
| 安全管理不到位 | 施工质量差 | 0.172789 | 0.189713 | 0.172789 |
| 安全管理不到位 | 违章作业 | 0.184353 | 0.184353 | 0.184353 |
| 安全管理不到位 | 设计不规范 | 0.237308 | 0.237308 | 0.237308 |
| 工程地质不良 | 坝体渗透性差 | 0.125424 | 0.169694 | 0.125424 |
| 干滩长度不足 | 坝体稳定性差 | 0.257025 | 0.676751 | 0.257025 |
| 库水位高 | 浸润线高 | 0.22721 | 0.332594 | 0.22721 |
| 库水位高 | 干滩长度不足 | 0.0682639 | 0.0869454 | 0.0682639 |
| 库水位高 | 尾矿库事故类型 | 0.293809 | 0.57154 | 0.293809 |
| 排洪系统受损 | 排洪设施能力不足 | 0.0972108 | 0.164871 | 0.0972108 |
| 排洪系统受损 | 尾矿库事故类型 | 0.34621 | 0.579317 | 0.34621 |
| 排洪设施能力不足 | 库水位高 | 0.457608 | 0.923453 | 0.457608 |

图 5.10　影响强度对话框

以管理因素中安全管理不到位为事故致因源头，共有 4 条演化路径，即“安全管理不到位→违反设计或规范施工→坝体超高”“安全管理不到位→违反设计或规范施工→边坡过陡→坝体稳定性差→坝体破裂→尾矿库事故”“安全管理不到位→设计不规范→调洪库容不足”“安全管理不到位→设计不规范→边坡过陡→坝体稳定性差→坝体破裂→尾矿库事故”。

以人为因素中施工质量差为事故致因源头，共有 1 条演化路径，即“施工质量差→排洪系统受损→尾矿库事故”。以人为因素中违章作业为事故致因源头，共有 5 条演化路径，即“违章作业→坝体超高”“违章作业→库水位高→尾矿库事故”“违章作业→库水位高→浸润线高→坝体稳定性差→尾矿库事故”“违章作业→超量或超速排放尾矿→边坡过陡→坝体稳定性差→尾矿库事故”“违章作业→超量或超速排放尾矿→干滩长度不足→坝体稳定性差→尾矿库事故”。以人为因素中安全意识差为事故致因源头，共有 2 条演化路径，即“安全意识差→超量或超速排放尾矿→边坡过陡→坝体稳定性差→尾矿库事故""安全意识差→超量或超速排放尾矿→干滩长度不足→坝体稳定性差→尾矿库事故"。

以环境因素中降雨为事故致因源头，共有 2 条演化路径，即"降雨→库水位高→浸润线高→坝体稳定性差→尾矿库事故""降雨→排洪设施能力不足→库水位高→浸润线高→坝体稳定性差→尾矿库事故"。以环境因素中地震为事故致因源头，有 1 条演化路径，即"地震→坝体液化→坝体稳定性差→坝体破裂→尾矿库事故"。

通过影响强度对话框，寻找关键事故致因链及其影响强度，查找子节点"尾矿库事故"并通过最大值寻找父节点"坝体稳定性差"影响强度为 0.585，将"坝体稳定性差"作为子节点，通过影响响度的最大值寻找其父节点为"干滩长度不足"，影响强度为 0.677，寻找"干滩长度不足"的父节点"超量或超速排放尾矿"，影响强度为 0.270，寻找"超量或超速排放尾矿"的父节点"违章作业"，影响强度为 0.483，寻找"违章作业"的父节点"安全管理不到位"，影响强度为 0.184。同理，可找出"安全管理不到位→违反设计或规范施工→施工质量差→排洪系统受损→尾矿库事故""降雨→排洪设施能力不足→库水位高→尾矿库事故""地震→坝体液化→坝体破裂→尾矿库事故"，如图 5.11 所示。

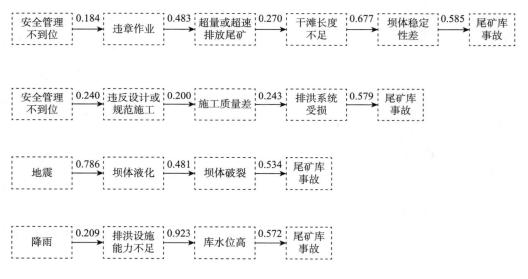

**图 5.11　关键事故演化路径**

# 5.5　案　例　分　析

本节选取浙江大金庄矿业有限公司遂昌县柘岱口乡横坑坪萤石尾矿库 4·19 溃坝事故进行案例分析。将案例进行事故风险致因提取，并将其输入到贝叶斯网络模型中，利用 GeNIe 4.0 Academic 软件实现尾矿库事故贝叶斯网络模型概率推理，针对得出模型结果与事故后果是否一样进行有效性判断。

1. 事故经过

2014 年 4 月 19 日 21 时 30 分许，浙江大金庄矿业有限公司遂昌县柘岱口乡横坑坪萤石矿尾矿库堆积坝右肩出现垮塌，尾砂流出尾矿库。4 月 20 日 7 时 30 分左右，堆积坝左肩尾砂流体位移到右侧，从右肩缺口冲下，导致堆积坝尾砂全部冲出，一半基础坝冲毁。据估算，库内 5 万余 $m^3$ 尾砂约有 2 万 $m^3$ 下泄，造成企业尾矿库值班库房及设施等受损。

2. 事故原因

据初步分析，事故发生的主要原因是：企业违规将尾矿库当作蓄水池使用，导致最小干滩长度无法保障，库内水位超高，干滩长度最小处只有 5~6m，坝体局部沼泽化，最终导致坝体失稳，引发溃坝。这起尾矿库溃坝事故虽然未造成人员伤亡，但尾矿库坝体及下游设施被冲垮，该起事故也暴露出企业安全生产意识不强、违反尾矿库安全运行规律、隐患排查不认真、应急处理能力弱等诸多问题。

3. 模型推理与结果分析

运用 Python 编程语言 Jieba 分词库对上述事故原因进行致因提取，共得到违章作业、干滩长度不足、坝体稳定性差、安全意识差、违反安全生产规程、库水位高 6 个风险致因。将违章作业、干滩长度不足、坝体稳定性差、安全意识差、库水位高 5 个风险致因在尾矿库事故贝叶斯网络模型中转化为节点的状态值，即"State1 = 100%"。可得到发生尾矿库溃坝的概率最大为 93%，如图 5.12 所示，这一结果与事故发生的结果相符。

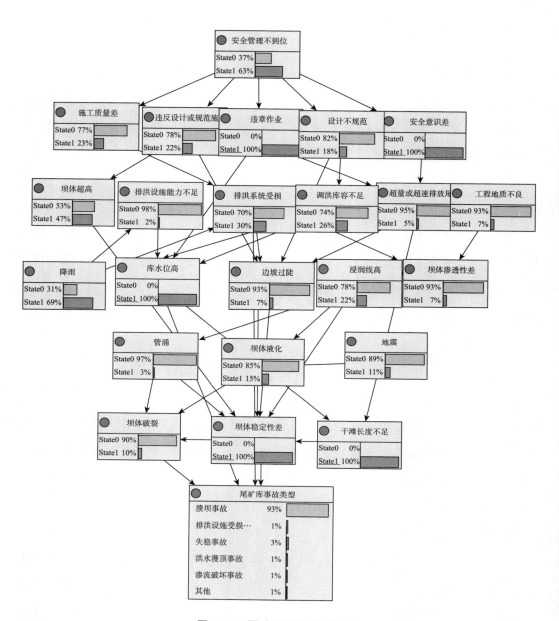

**图 5.12　尾矿库事故案例分析**

# 5.6　本章小结

　　本章基于第4章确定的贝叶斯网络的节点和网络结构，构建了尾矿库事故贝叶斯网络，并运用 GeNIe 4.0 Academic 软件对尾矿库事故贝叶斯网络进行敏感性分析和演化路径分析，得出排洪系统受损、坝体稳定性差、库水位高、坝体破裂、干滩长度不足、施工质量差 6 个敏感因素，结合管理因素中以安全管理不到位，人为因素中以施工质量差、违章作业、安全意识差为源头，环境因素中以降雨和地震为事故源头进行事故致演化路径分析，得出 4 条关键演化路径。

# 第 *6* 章

## 尾矿坝变形监测数据特征分析

尾矿坝的变形状态是评估其综合安全运行态势的关键指标，主要体现在坝体水平位移与坝体沉降两个方面。其中，水平位移的变形量尤为显著，能够直观反映尾矿坝的整体变形状况。尾矿坝的实际运行表明，其水平位移受到内部结构因素与外部气象条件的共同影响，而这些因素与坝体变形之间的具体关系，则取决于它们各自变化规律的相互作用及其与坝体变形规律的内在联系。因此，为了深入剖析导致尾矿坝变形的根本原因及其演化规律，有必要对各因素间复杂关联关系进行系统分析和研究。监测数据作为尾矿坝状态变化的直接反映和重要依据，为探究各因素的关联关系提供了数据支撑，对阐明尾矿坝变形规律具有重要价值。本章聚焦尾矿坝水平位移变形，深入解析监测数据的变化特征，探讨各影响因素间的相关性，并在此基础上构建尾矿坝变形预测的指标体系，为后续预测模型建立提供理论支持。

## 6.1 尾矿坝安全监测特征

尾矿库安全监测是预防溃坝灾害的重要措施，通过科学、合理的监测，可以实时掌握尾矿库的运行状态，及时发现并处理潜在安全隐患，为尾矿库的安全管理与应急处置提供有力支持。《尾矿库安全规程》（GB 39496—2020）明确规定尾矿库安全监测的设计、施工应由具备相应专业技术的单位承担，以确保监测工作的科学性和有效性。监测工作应遵循科学可靠、布置合理、全面系统、经济适用、技术先进、管理规范、等别设计等基本原则，确保尾矿库安全监测的规范性和合理性。

当前尾矿坝安全监测工作面临多重挑战：一是部分尾矿坝的检测监控系统因设备老化、缺乏定期维护更新，导致监测数据质量不高，难以准确反映坝体安全状况；二是传统人工测量方法受天气、操作及现场环境等因素影响，测量结果存在误差，影响监测准确性；三是传统监测方法效率低、数据处理复杂，难以适应现代尾矿库安全管理的高效需求。因此，深入研究尾矿库安全监测特征，探索先进的监测技术与方法，构建科学、高效的监测体系，对于保障尾矿库安全运行、预防溃坝灾害的发生具有重要意义。

尾矿库安全监测的基本特征可以概括为：

（1）全面性。尾矿库安全监测需要涵盖多个方面的指标，包括但不限于位移、浸润线、库水位、降水量等，这种全面性确保了监测工作能够综合考虑各种潜在风险因素，以全面反映尾矿坝的安全状态，提高预警的准确性。

（2）实时性。现代尾矿库安全监测普遍采用自动化监测系统，实现监测数据的实时采集与传输，使得管理人员能够及时了解尾矿坝的运行状态，对异常情况做出快速反应，避免事故的发生或扩大。

（3）高精度。为保证监测结果的准确性，尾矿库安全监测通常采用高精度的监测设备和仪器，如 GNSS（全球导航卫星系统）、激光测距仪、渗压计、水位计等。这些设备能够提供高精度的监测数据，为分析评估提供可靠依据。

（4）智能化。随着物联网、大数据、人工智能等技术的发展，尾矿库安全监测正在向智能化方向发展，通过构建基于大数据和人工智能的预警模型，对监测数据进行实时处理与智能分析，可以实现隐患的早期识别与精准预警，提高监测工作的效率和准确性。

（5）系统性。尾矿库安全监测是一个系统工程，需要建立健全的监测体系、采用先进的监测技术与设备、制定完善的监测方案和管理制度，以确保监测工作的有序进行和监测结果的有效应用。

（6）动态性。尾矿库运行过程中受多种因素影响，其状态是动态变化的，因此，尾矿库安全监测也需要具备动态性特征，能够根据监测结果及时调整监测方案和管理措施，确保尾矿坝的安全稳定运行。

（7）预防性。尾矿库安全监测的最终目的是预防溃坝等安全事故的发生，通过及时发现并处理潜在的安全隐患，避免事故的发生或减小事故造成的损失，保障周边居民的生命财产安全和环境安全。

# 6.2　尾矿坝变形影响因素及作用机理

尾矿坝变形受自身构造、地形地貌、外部人类活动、气候、径流等因素的综合影响[157]，本书将影响尾矿坝变形的因素分为三类：一是内部因素，包括浸润线、库水位、坝体沉降等因素；二是环境因素，包括风化、降雨、温度等；三是人为因素，包括设计、施工、维护管理等。

## 1. 内部因素

浸润线、库水位、坝体结构等是引起尾矿坝变形的重要因素[158]。浸润线是尾矿坝的生命线，浸润线的高度直接关系到坝体稳定及安全性状，其高低取决于尾矿库干滩长度、尾矿体的渗透性、坝体的形状与结构、初期坝的透水性等因素。干滩长度的增加有助于提升坝前水位与浸润线之间的安全距离，增强坝体稳定性；尾矿材料的渗透性决定了水分在坝体内的迁移速率与分布范围，进而影响浸润线的具体位置；坝体的形状与结构设计，如坝坡坡度、筑坝方式等，通过影响渗流路径与排水效率，间接调控浸润线高度；而初期坝作为坝体基础，其透水性直接影响初期渗流场的形成与浸润线的初始位置。因此，全面考虑并合理控制这些因素，对于维持尾矿坝的安全稳定至关重要。

库水位主要通过渗流作用、渗透压力、水位变化速率、库水压力以及渗流与变形的耦合作用等多个方面影响尾矿坝的变形及稳定性。库水位的升降直接导致坝体内渗流场的变化，进而引发浸润线的升降和孔隙水压力的变化。孔隙水压力的增加会降低尾矿材料的有效应力，削弱坝体的抗剪强度，增加变形风险。库水位变化在坝体内产生的渗透压力直接影响坝体颗粒间的相互作用，加剧内部应力状态，导致变形或破坏。此外，快速的水位变化会迅速改变坝体内部应力状态，增加变形风险，尤其是在水位骤降时，易引发裂缝或滑坡。尾矿坝的变形与渗流之间存在强烈的耦合作用，变形会改变渗流场分布，而渗流场的变化又会反过来影响坝体的应力状态和变形特性，这种相互作用使得库水位对尾矿坝变形的影响更加复杂多变。

坝体沉降涉及坝体结构、材料特性、渗流作用及外部荷载等多因素的相互作用。坝体结构设计及施工质量直接影响沉降特性，不合理的设计可能导致不均匀沉降；尾矿材料的物理力学性质，如密度、粒度分布、压缩性和渗透性等，决定了坝体的沉降量；库水位变化和自然灾害（如降雨和地震）通过改变坝体应力状态，影响沉降过程。尾矿坝沉降是一个随时间发展的过程，初期沉降较快，后期沉降逐渐减缓，但长期运行下仍可能发生徐变和流变，导致持续沉降。变形与沉降之间存在耦合关系，变形过程中坝体形状和应力状态变化会影响沉降特性，而沉降也会通过改变坝体几何形态和应力分布影响变形发展。

2. 环境因素

环境因素，比如降雨、温度、湿度、风等自然因素对尾矿库变形的影响是多方面的，涉及物理、化学和力学等多个过程。

降雨是尾矿库变形和安全稳定性的重要影响因素。降雨通过渗透作用进入尾矿层，显著增加了尾矿的含水量，含水量的增加直接导致尾矿重量的增大，进而对尾矿坝施加更大的压力，长期累积的重压作用可能引发坝体的沉降或侧向位移，严重威胁尾矿库的安全稳定性。降雨渗透过程中，尾矿中的孔隙水压力也随之上升，孔隙水压力的增加对尾矿的剪切强度产生不利影响，降低了尾矿层的抗剪能力，从而增加了滑坡的风险，在极端降雨条件下，这种效应尤为显著，可能导致尾矿库发生突发性滑坡事故。强降雨条件下，地表径流加剧，对尾矿库的表面尤其是坡面产生强烈的侵蚀作用。侵蚀不仅导致尾矿的流失，还可能破坏尾矿库的结构完整性，如冲刷坝体、形成沟壑等，这些侵蚀进一步削弱了尾矿库的稳定性，增加了溃坝等安全事故的风险。

温度变化会导致尾矿库材料的热胀冷缩，尤其是在季节性温度变化较大的地区，这种周期性的体积变化可能导致尾矿库结构的疲劳和裂缝的产生。在寒冷地区，冻融循环是一个重要的影响因素，冻结时水分膨胀可能导致尾矿库材料的破坏，融化时水分的增加可能导致结构的稳定性下降。

湿度的变化会影响尾矿的水分含量，进而影响其力学性质。高湿度会增加尾矿的含水量，降低其剪切强度和稳定性。湿度还可能影响尾矿中的化学反应，例如氧化还原反应，这些反应可能改变尾矿的物理和化学性质，影响其稳定性。

强风可能导致尾矿库表面的风蚀，特别是在干燥和多风的地区，风蚀可能导致尾矿的流失和结构的破坏。风压可能对尾矿库的结构产生侧向压力，尤其是在高大的尾矿坝上，这可能导致结构的侧向位移或破坏。

3. 人为管理因素

尾矿坝变形的人为影响因素主要体现在尾矿库的设计、施工、运营及维护管理等各个环节[159]。

设计阶段是尾矿坝稳定性构建的基石。设计标准选择不当，如采用的安全标准过低，未能充分考虑尾矿库的实际情况和潜在风险，将导致坝体结构强度不足，从而增加变形风险。坝型选择不合理，未能根据地形、地质条件及尾矿特性来优化坝型选择，如上游式筑坝法在某些条件下可能加剧坝体渗透性，进而引发变形。排水系统设计缺陷，如布局不合理或排水能力不足，会导致尾矿库内积水过多，增加坝体静水压力，成为变形的直接诱因。

施工阶段是将设计方案转化为实体坝体的关键环节。施工质量不达标，如筑坝材料质量不合格（压实度不足、分层厚度过大等），将直接削弱坝体的整体强度，降低其抵抗变形的能力。施工工艺不当，如未严格按照设计要求进行夯实、碾压等作业，将严重影响坝体的稳定性和耐久性。施工进度控制不当，如盲目赶工期而忽视施工质量，或未能在适当时间进行必要的维护和加固措施，都将为后续运营阶段埋下安全隐患。

运营阶段尾矿坝的稳定性和安全性受到多种人为因素的影响。超量排放尾矿将导致坝体负荷过大，加速坝体变形。浸润线控制不当，如浸润线位置过高且未及时采取排渗措施，将增加坝体内部孔隙水压力，降低其稳定性。库区管理不善，如乱挖乱采、堆放重物等违规活动，可能对坝体造成额外压力或破坏，加剧变形风险。

维护管理阶段是确保尾矿坝长期稳定运行的重要保障。监测预警系统不完善，缺乏有效的安全监测系统和预警机制，将难以及时发现并处理坝体变形等异常情况，延误最佳处置时机。应急响应能力不足，在发现安全隐患时未能迅速采取有效的应急响应措施，将无法有效控制事态发展，导致事态恶化。维护资金投入不足，长期忽视对尾矿库的维护和加固投入，将导致设施老化、性能下降，增加坝体变形风险。

## 6.3 尾矿坝变形预测指标体系

尾矿坝是一个复杂的动态系统，受内部因素和环境因素共同作用，其状态不断变化。不同的影响因素可以直接或间接地影响尾矿坝，因此仅依赖单一因素作为主要预测指标往往导致预测精度较低。为建立精确的尾矿坝变形预测模型，需要系统性地构建变形预测指标体系，并收集与这些指标相关的影响因素数据进行模型训练。

尾矿坝系统内部的浸润线、库水位和坝体沉降量变化较大时，往往会引发较大的坝体变形，因此这些因素被确定为主要影响变形的内部因素。环境因素如温度、降雨、湿度和风力大小也对尾矿坝的变形具有重要影响。不同类型的指标之间存在相互作用和耦合，这些互动对尾矿坝的变形具有显著影响。在建立尾矿坝变形指标体系时，由于人为因素复杂且难以量化，故在构建指标体系时不予考虑。

本章遵循完整性、科学性、层次性和可靠性的原则，结合已有研究成果，并考虑数据易获取性进行指标体系构建，构建的尾矿坝变形综合预测指标体系如图 6.1 所示。

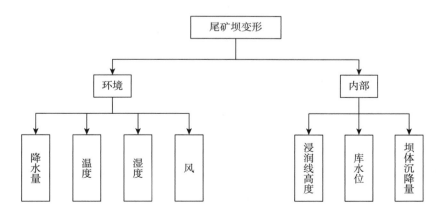

**图 6.1　尾矿坝变形预测指标体系**

# 6.4 变形监测数据相关性分析

为探究变形监测数据的一般规律和特点，本节从尾矿坝系统视角出发，探讨了系统内部影响因素与尾矿坝变形的相关性，为后文提出的异常值预处理和预测模型奠定基础。研究人员对尾矿坝安全监测数据的分析主要包括作用机理分析、回归分析、成因分析等，针对尾矿坝变形数据与众多影响因素间相关性研究的较少。而变形监测数据的相关性分析可直观反映不同因素对尾矿坝变形的影响。因此，研究影响尾矿坝变形不同影响因素间的相关性，挖掘影响因素间更多的隐藏信息，可以更好地进行尾矿坝变形安全监控。

本书数据主要来源于山东烟台某尾矿库，该尾矿库分为东、西两个库区：西侧为老库区，东侧为扩建库区，两个库区仅以一道小山脊及建在其上的老库坝体相隔。扩建库区为老库区向东侧扩建而成，2011 年竣工验收后投入使用，尾矿库设计最终坝顶标高 177.0m，总库容 444.79 万 m³。该尾矿库采用光纤安全在线监测系统监测尾矿库生产运行状况，系统由光纤表面位移传感器、光纤渗压传感器、光纤水位传感器、雨量计、分线盒、传输光缆、光纤解调仪、显示设备等组成，可实时记录在线坝体浸润线值、坝体表面位移沉降、库水位值、库区降水量等数据，对尾矿库安全隐患提出预警预报，以便有针对性地加强尾矿库安全隐患治理，改善尾矿库安全运行条件，实现尾矿库长期安全生产运行。

该地区整体地势为东高西低，属于丘陵区。属温带季风型大陆性气候，最高气温 38.4℃，最低气温 −17.3℃，年平均气温 11.4℃，年最大降水量 667.34mm（1964 年），最小降水量 378.7mm（1999 年），年平均降水量 593.2mm，降水量多集中在 7—9 月，年平均蒸发量 1554.4mm。冻土深度 10～50cm，冻土时间 3 个月左右。

本书以该尾矿库监测数据为研究对象，分析不同指标数据间存在的相关性。依据构建的尾矿坝变形预测指标体系，获取该尾矿坝的变形监测数据，传感器分布位置如图 6.2 所示。该尾矿坝的浸润线标号和坝体沉降量标号与实际监测点位位置相一致，不同标号代表的位置不同，其中以 10 号表面位移作为尾矿坝变形重点预测输出。尾矿坝含有众多的监测仪器与监测项目，空间上距离较远的监测点对 10 号表面位移的影响较少，选取的浸润线及坝体沉降量的位置应靠近 10 号位移监测点。为确定选取的浸润线和坝体沉降量监测点位的数据是否适合作为 10 号位移的输入数据，将采取相关性对指标间的相互影响作用进行检验。若相关系数存在，则表明选取的监测点位可以作为变形预测指标数据的输入；若相关系数不存在，则表明选取的监测点位数据应剔除。

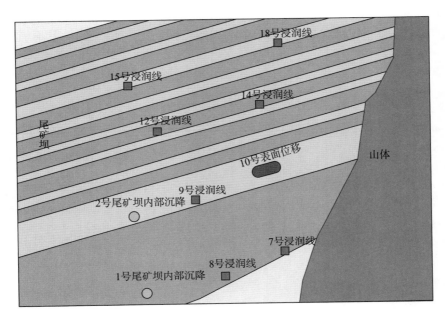

**图 6.2　监测传感器分布及尾矿坝结构剖面示意图**

由于皮尔逊相关系数更适用于连续型变量的相关性分析，而斯皮尔曼和肯德尔相关系数适用于离散型变量的相关性分析，众多监测数据属于连续型数据，故采用皮尔逊相关系数更适合分析不同因素对尾矿坝变形间的影响程度。皮尔逊相关系数可衡量不同影响因素与尾矿坝变形数据之间的关联性，其核心是解释不同影响因素与变形数据之间的线性相关关系。皮尔逊相关系数的定义如下：

$$\rho = \frac{Cov(X,Y)}{\sqrt{D(X)D(Y)}} \tag{6.1}$$

式 6.1 中，$Cov(X,Y)$ 表示不同影响因素与尾矿坝变形数据间的协方差，$D(X)$

和 $D(Y)$ 表示不同影响因素与尾矿坝变形的方差，$\rho$ 表示影响因素与尾矿坝变形之间的相关系数。

浸润线间存在较强的影响关系，本书以 10 号坝体位移尾矿坝变形为重点预测指标，其他各个监测点位数据作为影响因素输入预测模型中，尾矿坝变形影响因素相关性如图 6.3 所示。图中不同影响因素间存在一定关联性，不同影响因素对尾矿坝变形的影响程度不同，也表明本书选取的监测点位的监测数据可有效作为变形预测指标模型的输入。图中红色代表正相关蓝色代表负相关，颜色越深表明两个因素间的相关性越大，尤其是作为主要影响因子的水压因素和坝体沉降量，与坝体变形的相关性较大。相关系数反映了不同影响因素之间的线性相关性，但不能反映不同影响因素在变化幅度上存在的差异。

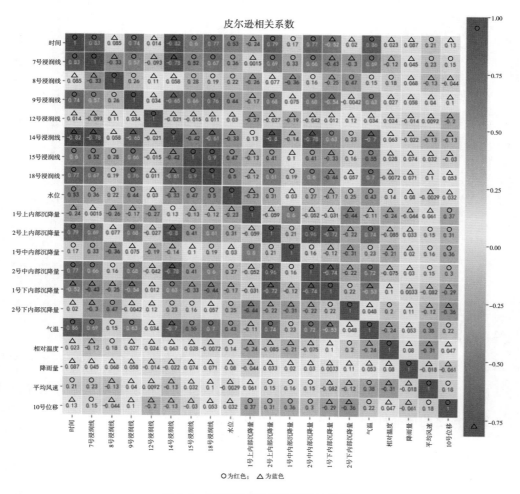

图 6.3 尾矿坝变形影响因素相关性

图 6.4 为 7 号浸润线随时间的变化图，图中表明 7 号浸润线总体随时间呈现增长趋势，从 1 月 1 日开始增长速率较快，到达 3 月上旬后趋于稳定，在 11m 处上下波动。根据收集到的天气状况数据进行初步分析，1—3 月 7 号浸润线上升与温度逐渐升高有关。由于传感器的信号缺失等问题，导致部分数据出现异常下降等现象。

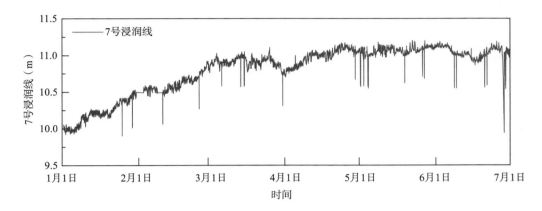

**图 6.4　7 号浸润线变化图**

图 6.5 为 8 号浸润线变化图，图中表明 8 号浸润线随时间先下降后上升的趋势，并且在一段时间内数值处于不变的状态。在 2 月初与 5 月中旬出现较大的变化，在 5 月中旬增加的幅度更大，后续达到 7.98 稳定值。根据收集到的天气状况数据进行初步分析，1—5 月 8 号浸润线上升与温度逐渐升高有关，在 5 月份大幅度上升与降雨有关。

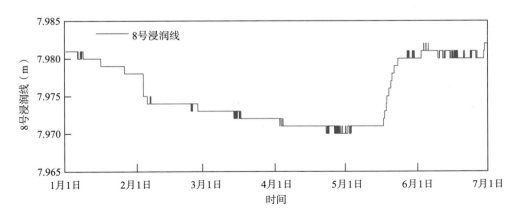

**图 6.5　8 号浸润线变化图**

图 6.6 为 9 号浸润线变化图，图中表明 9 号浸润线总体呈上升趋势，但是在不同时刻一直处于波动状态，在 5 月中旬有明显的增长现象，在达到 6 月后进入平稳状态。据收集的天气状况数据进行初步分析，浸润线在 5 月有明显的增长是因为 5 月有明显的降雨，总降水量在 15.5mm 以上。

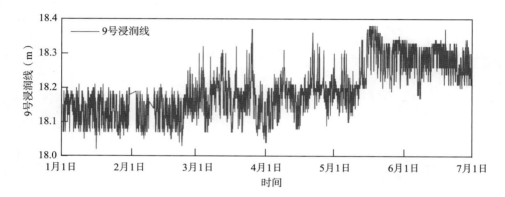

图 6.6　9 号浸润线变化图

图 6.7 为 12 号浸润线变化图，因传感器设置浸润线监测最大埋深值为 18.9m，故 18.9m 以上无监测值。从图中可以看出，12 号浸润线埋深变化区间在 18.2 ~ 18.9m（含以上），浸润线数据呈周期性波动变化趋势。

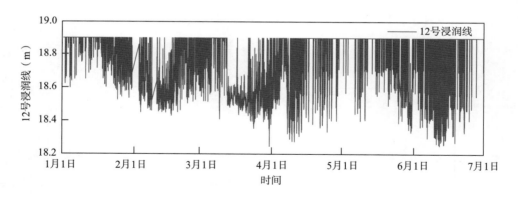

图 6.7　12 号浸润线变化图

图 6.8 为 14 号浸润线变化图，图中表明 14 号浸润线总体呈现下降的趋势，但在 6 月中旬有微小的增大趋势，分别在 1 月中旬、4 月初和 5 月中旬有突增的变化。与收集到的天气数据相比对，初步分析在 1 月中旬、4 月初和 5 月中旬有突增的变

化是受到降雨因素的影响。

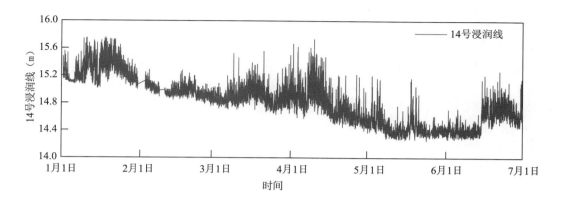

**图 6.8　14 号浸润线变化图**

图 6.9 为 15 号浸润线变化图，图中显示 15 号浸润线一直处于波动变化状态，但总体维持在 16.2m 上下进行波动。

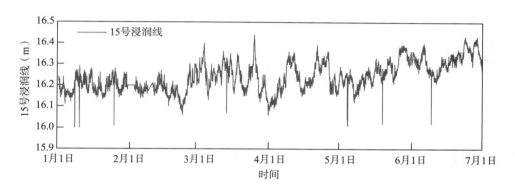

**图 6.9　15 号浸润线变化图**

图 6.10 为 18 号浸润线变化图，图中表明 18 号浸润线总体呈现上升趋势，在 2 月末时数据具有较大的增幅。

图 6.11 为库水位变化图，从图中可以看出，3 月中旬前库水位数据无明显变化，分析原因可能受低温影响或传感器不稳定导致；3 月中旬开始数值处于波动上升趋势。

图 6.12 为 1 号上内部沉降量变化图，图中表明数据为间断跳跃，主要分布值为 0、0.1 和 0.2，变化范围在 0～0.2cm 区间。

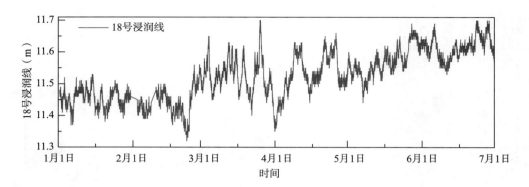

图 6.10 18 号浸润线变化图

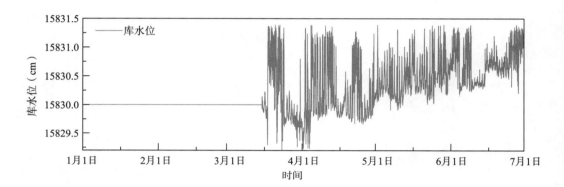

图 6.11 库水位变化图

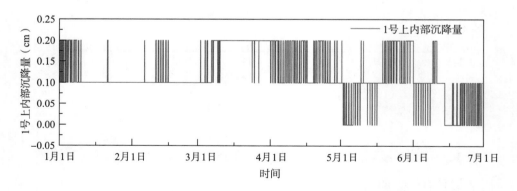

图 6.12 1 号上内部沉降量变化图

图 6.13 为 1 号下内部沉降量变化图，图中表明 1 号下内部沉降量为间断跳跃分布，但在 5 月开始有明显下降趋势。

图 6.14 为 1 号中内部沉降量变化图，图中表明 1 号内部沉积量为间断跳跃分布，数值变化在 0.1cm 内。

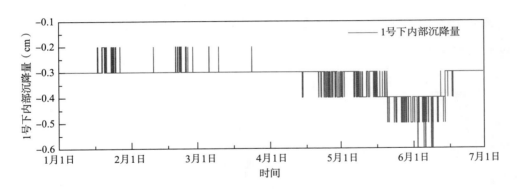

**图 6.13　1 号下内部沉降量变化图**

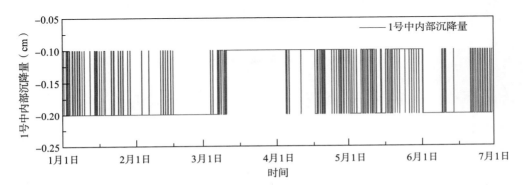

**图 6.14　1 号中内部沉降量变化图**

图 6.15 为 2 号上内部沉降量变化图，图中表明 2 号上内部沉降量为间断跳跃分布，总体呈现先上升后下降的趋势，进入 6 月后处于持续下降状态。

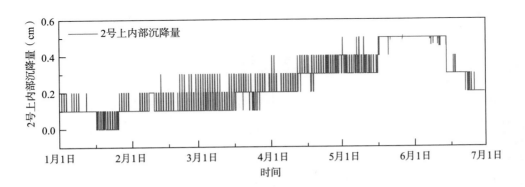

**图 6.15　2 号上内部沉降量变化图**

图 6.16 为 2 号下内部沉降量变化图，图中表明 2 号内部沉降量主要在 −0.2 ~ 0.6cm 之间变化。

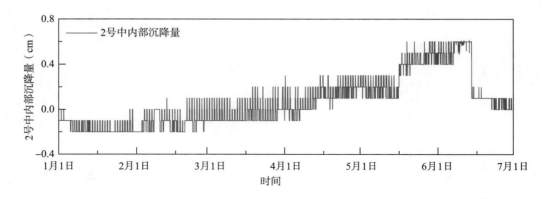

**图 6.16　2 号下内部沉降量变化图**

图 6.17 为 2 号中内部沉降量变化图，图中表明 2 号中内部沉降量变化图总体变化趋势为先上升后下降，在 6 月中达到上升顶峰，数据为间断跳跃分布。

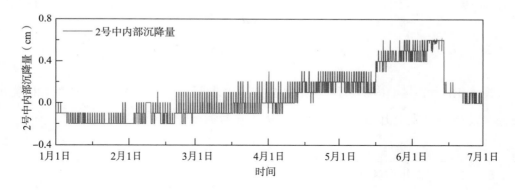

**图 6.17　2 号中内部沉降量变化图**

图 6.18 为 10 号坝体位移变化图，为本书的输出预测数据。在模型前期多次出现位移为 0，其由于尾矿的现场条件复杂且传感器信号受较多因素影响，故出现部分数据降为 0。10 号坝体位移变化复杂，在 1 月到 2 月中旬呈现下降趋势，在 2 月到 3 月初位移突增后持续下降，在 3 月到 3 月中旬呈增长趋势，在 3 月中旬到 5 月末位移为持续稳定下降，在 5 月到 6 月初呈现波动状态，主体趋势为增减，在 6 月到 7 月初，出现急速下降趋势后，位移趋于稳定。坝体位移变化复杂，受影响的因

素较多，预测趋势较难，本书引入更多影响因素，深入、准确地预测坝体位移变化趋势。

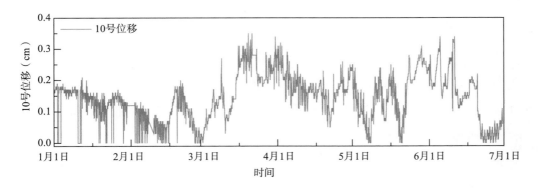

**图 6.18　10 号坝体位移变化图**

通过解析不同尾矿坝影响因素变化图，发现不同影响因素变化无固定规律，难以依据直观的分布总结尾矿坝变形的周期与规律。不同影响因素数值存在跳跃及无规律变化，但是总体变化幅度在较小的数值内变化，均属于尾矿坝正常运行水平范围内变化，反映了实际监测数据更真实的变化波动，表明了数据的真实性与可靠性。但部分数据可能存在少量的异常值与缺失值，需要进一步检验，因为缺失的数据与异常的数据将很大程度降低构建的预测模型的准确性，故后文将进一步对各种影响因素变化数据进行异常值与缺失值检验与填补，增强尾矿坝预测数据集的质量。

为进一步探究尾矿坝变形变化规律，以 10 号坝体位移为主要研究对象，从 1 月到 2 月位移整体呈现下降趋势，但在月中存在较小的波动。在 2 月初位移无明显变化较为平稳，后续经历了下降—上升—下降三段变化，并在三月初达到了波谷位置。3 月到 4 月位移发生了较大波动，在 3 月初到达波谷后急剧上升，在 3 月末趋于稳定。4 月到 5 月位移持续稳定下降。5 月初到 5 月中旬位移出现周期性变化，持续下降—上升。在进入 6 月后，位移变化较为复杂，位移在特定数据上下波动，并在月中持续突然下降变化，下降后恢复平稳。

# 6.5  本 章 小 结

本章重点分析了影响尾矿坝变形的因素变化规律。首先，介绍了尾矿坝常用的监测特征，总结分析不同影响因素的影响变形的作用机理；其次，从尾矿坝系统角度出发，考虑数据的可获取性，构建了更全面的尾矿坝变形预测指标体系，保障了预测模型的输入的科学性；最后，根据皮尔逊相关系数的计算，发现不同影响因素对尾矿坝变形影响强度不同，其符合坝体变形累积的原则。本章通过对尾矿坝变形影响因素监测数据进行相关性挖掘，构建了具有系统性、科学性的尾矿坝变形预测指标体系，从而为建立适应于该类数据的智能分析理论与方法及后续研究奠定了坚实的基础。

# 第 7 章

## 基于 RF – SSA – LSTM 的
## 尾矿坝变形预测模型

尾矿坝的变形可以真实地反映尾矿库运行的安全性。因此，建立坝体位移预测模型，对预防尾矿库事故、保护群众生命和财产安全具有重要意义。尾矿坝位移受多因素之间的耦合作用影响，使坝体位移的时间序列具有较强的非线性特征。预测理论和方法一直是灾害防治的重点和难点，目前在处理非线性时间序列预测问题的过程中，深度学习算法 LSTM 被广泛应用于时间序列预测等领域；同时 SSA 等算法具有并行能力突出、鲁棒性强等特点，在与其他模型耦合时，常可以达到全局最优的结果。

建立的尾矿坝变形预测模型，基于对尾矿坝坝体的变化规律对尾矿坝的稳定性做出预测，以达到监控尾矿坝安全的目的。经过多年的深入研究，众多学者已对多种监控模型进行了研究并对其形式进行了改进，由于尾矿坝会随时间的变化出现徐变和老化等现象，使尾矿坝抵抗变形的能力有所下降，因此监测模型的精度存在随着时间变化而降低的问题。在建立监控预测模型时，采用时间数据和大坝运行状态越精确效果越好。因此，本章采用长短期记忆（LSTM）建立尾矿坝变形预测模型。该模型能够从复杂的时变数据中挖掘重要信息，通过对变形数据的变化规律及影响因素的作用累积数据的学习，可准确预测尾矿坝变形变化的未来趋势；此外，基于随机森林算法（RF）对特征的筛选和麻雀搜索算法（SSA）对模型参数的优化，以提高长短期记忆模型（LSTM）的泛化性和精度。最终建立的 RF – SSA – LSTM 模型在保证精度的情况下，还改进了模型的更新方式，可为尾矿坝及时高效的安全监测提供一定的参考，促进大坝安全监测预测的智能化发展。

# 7.1 数据处理模型

## 7.1.1 数据预处理

机器学习模型在提取信息和识别数据方面通常会较为敏感，导致数据和特征的质量对机器学习的表现起着至关重要的作用。因此，一旦数据被收集完毕，数据预处理便会成为机器学习建模的关键步骤之一[160]。收集到的训练数据通常存在很多"脏数据"，它们存在很多问题，比如：各种特征的数值和尺度（量纲）差异较大、存在缺失值和冗余特征（变量）、存在噪声（包括异常值和错误）等。它们会影响机器学习模型的预测能力（甚至可能得出相反的结论）、可重复性和泛化能力，进而影响模型的预测准确性。因此，在将数据输入到模型并进行训练前，对数据进行预处理是不可缺少的。

1. 四分位算法

四分位数（Quartile）是统计数据中常用方法，可以更为直观地反映数据的整体分布情况以及判断异常值，适用领域较为广泛[161]。其原理是将所有数值由小到大排列并等分成四等份，四份数据的三个分割点即为四分位数，分别是前25%、前50%、前75%。四分位中的第一个称为下四分位数，是所有数值由小到大排列后第25%的数值；第二个四分位数又称"中位数"，是所有数值由小到大排列第50%的数字，第三个四分位数是中所有数值由小到大排列第75%的数字。不同于中位数，四分位数位置的确定方法有多种方式，因此不同的方法得到的结果也会有所不同。

2. 缺失森林

用随机森林算法进行插值的缺失森林插补法是一种非参数插值方法。该方法在处理连续型和离散型变量时能取得较好的效果，而且无须对数据分布做出任何假设，并能对缺失的数据集进行插补，很大程度上解决了随机森林数据分布假设误差的问题[162]。对于连续型变量，该方法选择平均值进行插补；对于离散型变量，该方法选择众数填充缺失值。若数据中存在多个众数，则从中随机选择一个填充。此外，在填充缺失值时，将变量按缺失值数量升序排序，使得填充值还原样本真实值。

## 7.1.2　机器学习模型及优化算法

随着信息化进程的快速发展，信息的产生、存储和获取效率不断提高。以往获取到的信息总量在各种信息化手段的帮助下已经被大大超越，而这庞大的数据仍在不断增速。信息来源包括线上和线下、生产和生活、主动和被动所产生的原始数据和衍生数据，以各种形式存储。每日从各渠道接收到的信息已超出人类容量，且其中有用信息占比极低，导致信息过载和爆炸现象频现。为了挖掘这些海量、低密度数据中的有用信息，必须借助相关技术对数据进行处理和分析，以促进业务发展和提高服务质量。数据挖掘因此应运而生，它融合机器学习、统计学和信息系统等理论技术，涉及海量数据的收集、处理、存储、分析和统计，旨在挖掘低密度数据中隐藏的模式，为日常生活和生产提供指导。

对于数据爆炸和信息过载问题，数据挖掘始终是各行学者和工程师的最优选择，其包含筛选、预处理、建模、评估和应用等 6 个关键过程，能够有效应对日益增长和复杂化的数据规模。数据挖掘主要可以分为 6 个类别，分别是异常值检测、关联度分析、聚类、分类、回归和降维[163]。本书主要研究基于监测时间序列数据进行预测的问题，因此数据挖掘技术主要涉及时间序列预测模型和优化算法。

1. 随机森林特征筛选算法（RF）

随机森林以决策树为基本单元并通过集成学习的思想将多颗决策树集成，在决策树地训练过程中同时引入随机属性选择，以实现分类、回归等任务[164]。集成学习可结合多个弱学习器来完成分类问题集成、回归问题集成、特征选取集成和异常点检测集成等任务，其通过将多个模型集成起来，以群体决策来提高决策准确率，常可获得比单一学习器显著优越地泛化性能。图 7.1 为随机森林原理图，对于回归问题，随机森林通过建立多个决策树（DT）并合并多颗决策树预测结果以获得更准确和稳定的预设。

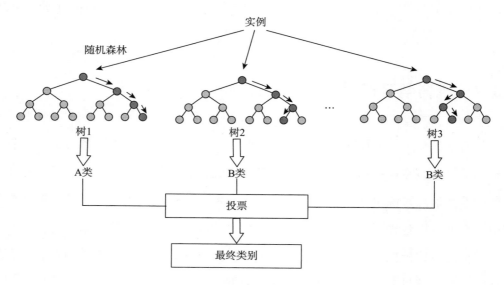

图7.1　随机森林原理图

2. 麻雀搜索优化算法（SSA）

麻雀搜索算法是受麻雀生活习性启发而提出的算法，麻雀寻找食物时，种群自发分为搜索者和加入者，分别负责确定寻找食物方向和追随并运输食物。当麻雀种群注意到种群附近有危险时，会发生反捕食行为，种群运动和位置也会随之发生变化。SSA 作为一种仿生优化算法可以帮助神经网络摆脱局部最优，在优化过程中，权重值在 SSA 中被视为个体，通过模拟麻雀的觅食和取食行为，得到了麻雀个体的最优位置，即最优重量[165]。

3. 长短期记忆模型（LSTM）

由于卷积神经网络 RNN 都具有重复神经网络模块的链式形式，在长期预测问题上存在精度不高和收敛慢的问题，专门设计长短期记忆（Long Short Term Memory）用于解决此问题[166]。LSTM 和标准 RNN 类似，重复的结构模块只有一个非常简单的结构，例如一个 tanh 层，但重复的模块结构存在一定差异。LSTM 包含的四个模块不同于单一的神经网络层，以一种独特的方式相互交互。在 LSTM 中，细胞状态和在细胞之间传输的横向线是关键。细胞单元状态类似于传送带，直接进行线性交互，并沿着整个链运行，只有少量的交互，这种交互是通过门的结构实现的，门能够选择性地让信息通过，主要依靠神经元的 sigmoid 层和逐点相乘的操作来实现。sigmoid 层的每个输出元素都位于 0 和 1 之间，表示对应信息通过的权重比例（占比）。LSTM 通过三个基本结构来保护和控制信息，分别为输入门、遗忘门和输出门。

4. 其他常用机器学习预测模型

多层神经网络（MLP）是增加了中间层数量的人工神经网络，大大提高了对非线性问题的评价结果的精确度[167]。MLP 包括输入层、隐层和输出层，且不同层之间是全连接，上一层的任何一个神经元与下一层的所有神经元都有连接，其克服了感知器难以识别线性不可分数据的缺点。人工神经元先将信号扩大，并将所收集到的信号加权累加，再进行一一比较，只有当比阈值大时，才激活人工神经元，再传输至上一层神经元。因此，MLP 可以有效地处理非线性问题。

线性回归（LR）是利用数理统计中的回归分析，来确定两种或两种以上变量间相互依赖的定量关系的一种统计分析方法。在监督学习中，为了拟合输入样本而使用的假设函数叫假设函数，为评估模型拟合好坏，用来度量拟合的程度的函数叫损失函数，也叫目标函数，算法过程通常为求出使损失函数最小值的模型参数，一般采用梯度下降算法和最小二乘法。

XGboost 是梯度提升树（GBDT）的一个改进版本，能够更快、更高效率地训练模型，在求最优解的过程中，XGboost 使用了一个新的方法：加权分位法。为了得到值得进行尝试的划分点，函数对该特征的特征值进行"重要性"排序，再根据排序的结果选出值得进行尝试的特征值。

贝叶斯算法（Bayesian）是统计学中一种利用概率统计的预测算法，该算法要求各因素之间互相独立，当数据集满足这种独立性假设时，预测的准确度较高，否则可能较低。另外，该算法没有分类规则输出目标是找到全局最优解，且无须知道内部结构及其数学性质，通过不断添加样本获取目标函数的结构，并根据上一次的参数尽量选择靠近已知点的点作为下一次用于迭代的参考点，从而更好地调整参数。

# 7.2  基于 LSTM 模型构建

LSTM 神经网络是递归神经网络的变体，传统的卷积神经网络（RNN）以一组关联的时序数据为输入，在序列的正向采用递归计算，所有神经元之间采用链式连接，可以将前一时刻的历史信息与当前时刻的信息融合在一起，在下一时刻共同工作，这确保了 RNN 在内存和时间序列处理方面的优势[168]。与其他普通神经网络相比，其使用了一个额外的反馈输入作为动态递归系统，前一次神经元计算的结果可以按照一定的权值转移到新的神经元计算中。RNN 神经网络的结构类似人脑，可以对历史信息的输入进行计算和分析，产生预测结果。LSTM 神经网络能够通过在每次训练过程中累积历史信息输入来存储要利用的较旧的信息特征，并且仍然保留 RNN 神经网络处理时间序列的优点，因为仅仅内部结构被改变。LSTM 通过增加记忆细胞功能，对传统 RNN 的神经网络结构进行了优化，内部结构如图 7.2 所示。LSTM 神经网络结构的特点是记忆单元的状态和记忆单元之间的信息传递与处理，历史信息也很好地存储在存储单元中，还可以实现存储单元内部的输入门机制[169]。

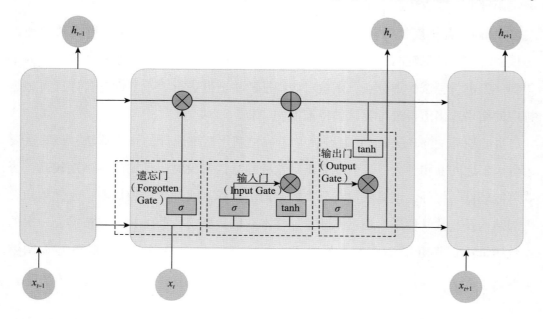

**图 7.2  LSTM 模型图**

## 7.2.1　基于 LSTM 模型结构框架

由于 RNN 神经网络记忆能力的限制，较早时间的历史信息特征会保留较少，而最近间隔的信息特征会保留较多，并且在训练过程中，大量的重复使信息在经历环体的过程中衰减。RNN 神经网络在运用中存在梯度消失的问题，而 LSTM 主要解决了一般 RNN 的长期依赖问题。长短期记忆（LSTM）旨在解决一般 RNN 的长期依赖和梯度消失问题。LSTM 由一系列 LSTM 单元组成，其通过引入三个门（忘记门，输入门和输出门）机制来控制需要记忆或忘记哪个 LSTM 单元，并且可以长时间保持信息依赖。LSTM 作为一种被广泛使用的时间序列预测模型用于解决各个领域的问题，例如时间序列预测和多元时间预测翻译等。以下为 LSTM 的原理和参数介绍：

遗忘门在 LSTM 中决定细胞状态中遗忘的信息，该门会读取 $h_{t-1}$ 和 $x_t$，赋予一个在 0 到 1 之间的数值给每个细胞，其中 1 表示"完全保留"，0 表示"完全舍弃"，0 与 1 中间的数值为不同影响因素输入权重占比。

$$f_t = \sigma(W_f \cdot [h_{t-1}, x_t] + b_f) \tag{7.1}$$

式中，$h_{t-1}$ 代表最后一个细胞（cell）的输出；$x_t$ 代表当前 cell 的输入；$\sigma$ 表示 sigmod 函数。

输入门控制加入细胞状态中的新信息的数量，此过程需要经过两个步骤：首先，"input gate layer"的 sigmoid 层确定需要更新何种信息；tanh 层生成一个向量，备选可更新的替代内容 $C^t$。将这两个部分将结合在一起，对 cell 的状态进行更新。

$$i_t = \sigma(W_i[h_{t-1}, x_t] + b_i) \tag{7.2}$$
$$\overline{C} = \tanh(W_C \cdot [h_{t-1}, x_t] + b_C)$$

通过 sigmoid 层确定输出单元的状态及从属关系，使用 tanh 函数（产生介于 -1 和 1 之间的值）处理细胞状态，并将其乘以 sigmoid 门的输出。最终，只有存在关联性的数据可确定被输出。

$$o_t = \sigma(W_o[h_{t-1}, x_t] + b_o) \tag{7.3}$$
$$h_t = o_t * \tanh(C_t)$$

## 7.2.2　基于 LSTM 模型训练过程

鉴于尾矿坝变形数据的实时突变性和相关性，选择 LSTM 模型作为尾矿坝变形的基本预测模型，LSTM 模型具有深入挖掘时间序列数据、独特数据处理方式和解决梯度爆炸的特点，非常适合处理多元时间序列预测等相关的问题。将尾矿坝变形影响因素进行数据预处理，其中包括数据归一化处理、异常值检验和缺失值填补，并按照一定比例将数据分为 80% 作为训练集和 20% 作为测试集；然后建立 LSTM 模型，赋予麻雀种群及相关参数初始值，采用麻雀搜索算法优化 LSTM 并确定尾矿坝变形预测模型的最优超参数，如 look_back 值、每层神经元数目、学习速率等。

# 7.3　RF 特 征 筛 选

随机森林算法的结果是通过投票获得的，随机森林算法解决了决策树算法的性能限制，并且可以很好地应对数据中的噪声和异常值，在更大维度的数据分类问题上也表现出了很好的稳定性。为了计算影响因素的重要性，本书采用随机森林算法计算不同尾矿坝影响因素对尾矿坝变形的重要程度。计算特征重要性的方法包括频率统计、基尼（Gini）指数法和平均递减精度（mean decrease accuracy）等。由于基尼指数不需要对数运算，计算相对简单快速，因此本书基于尾矿坝变形的影响因素计算基尼指数，以各影响因素的基尼指数作为对尾矿坝变形影响的重要度，进一步确定与变形相关性较强的因素，计算模式具体如下：

步骤 1 采用基尼指数计算公式，可以得到第 $i$ 棵决策树中节点 $t$ 的 Gini 指数：

$$GI_t = 1 - \sum_{k=1}^{|K|} p_{tk}^2 \tag{7.4}$$

式中，$K$ 代表尾矿坝影响因素节点 $t$ 处存在 $K$ 个类别；$p_{tk}$ 表示类别 $k$ 在节点 $t$ 中的权重，则节点 $t$ 分裂前后的 Gini 指数的变化量为：

$$\Delta G = GI_t - GI_l - GI_r \tag{7.5}$$

在该式中，$GI_l$ 和 $GI_r$ 代表对影响因素的不同节点进行拆分，经分解后将得到的两个新节点的 Gini 指数。由于节点存在的数值较为丰富，故对节点的 Gini 指数采取了加权处理，其中节点 $n$ 的权重为，节点样本总数除以总样本数量 $N$。

$$W_t = \frac{n}{N} \tag{7.6}$$

步骤 2 在不同影响因素的节点处添加权重后，特征 $X_j$ 在节点 $t$ 处的特征重要性为：

$$VIM_{jt}^{(Gini)} = W_m \times \Delta G \tag{7.7}$$

步骤 3 如果特征 $X_j$ 在决策树 $i$ 中出现的节点在集合 $T$ 中，那么 $X_j$ 在第 $i$ 棵树的重要性为：

$$VIN_j^{(Gini)} = \sum_{t \in T} VIM_{jt}^{(Gini)} \tag{7.8}$$

步骤 4 若构建的随机森林模型中共有 $n$ 棵树，则 $X_j$ 在模型中的重要度为：

$$VIM_j^{(Gini)} = \sum_{i=1}^{n} VIM_{ij}^{(Gini)} \tag{7.9}$$

步骤 5 把不同因素节点求得的重要性做归一化处理，即可得到最终的特征 Gini 指数：

$$VIM_j = \frac{VIM_j}{\sum_{i=1}^{c} VIM_i} \tag{7.10}$$

随机森林类似投票形式，是多个决策树集合而成，其最终的结果是对所有树的预测结果进行综合得出的。

## 7.3.1 特征选择

采用随机森林算法（RF）进行特征降维可简化深度学习模型构建的复杂度，降低了尾矿坝影响因素的输入，增加了模型的计算效率，加快模型处理数据的过程。在针对复杂庞大的数据情况下，有效提高了模型的性能，并且提高了 LSTM 模型的范化能力。

随机森林由于具有较好的易用性、精度和鲁棒性，被认为是最有效的特征选择算法之一。本书采用 RF 算法，利用 bootstrap 重采样技术从尾矿坝变形数据集中随机选择 $K$ 个训练集，且在训练集下分别训练决策树，将每颗决策树结合形成一个随机森林[170]。将随机森林的测试集用作未使用的袋外数据（out – of – bag），根据投票得分进行分类决策[171]。RF 算法具有建模简单、泛化能力强、不易过拟合等优点，广泛应用于分类和预测任务。

## 7.3.2 基于 RF – LSTM 模型构建

本书首先采用 RF 算法对尾矿坝的变形数据进行特征选择。在此基础上，结合 LSTM 网络，构建了基于 LSTM 尾矿坝变形预测模型。图 7.3 展示了 RF – LSTM 的算法流程，包括数据预处理、特征选择、LSTM 模型的构建与训练，以及尾矿坝变形预测等步骤。

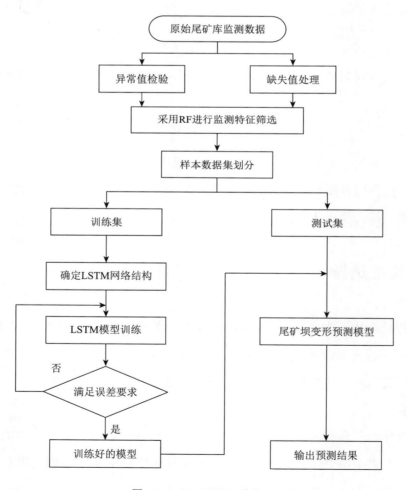

**图 7.3 RF – LSTM 流程图**

# 7.4　SSA 参数优化

在算法优化实验中，需要构建虚拟麻雀搜寻食物，改算法由 $n$ 只麻雀组成的种群可表示为如下形式：

$$X = \begin{bmatrix} x_1^1 & x_1^2 & \cdots & x_1^d \\ x_2^1 & x_2^2 & \cdots & x_2^d \\ \cdots & \cdots & \cdots & \cdots \\ x_n^1 & x_n^2 & \cdots & x_n^d \end{bmatrix} \tag{7.11}$$

其中，SSA 优化模型的参数变量维数为 $d$，麻雀的数量设定为 $n$。因此，所有麻雀的适应度值计算可表示为：

$$F_x = \begin{bmatrix} f([\,x_1^1 & x_1^2 & \cdots & x_1^d\,]) \\ f([\,x_2^1 & x_2^2 & \cdots & x_2^d\,]) \\ \cdots \\ f([\,x_n^1 & x_n^2 & \cdots & x_n^d\,]) \end{bmatrix} \tag{7.12}$$

在 SSA 优化算法中，每一行的 $f(x)$ 值代表每只麻雀的适应度，较优秀的麻雀个体将获得更高的适应度值，因此在搜索过程中，食物更易被优秀个体获得。生产者在 SSA 中负责带领整个族群寻找食物，因此其在更广阔的区域内寻找成功的可能性比乞讨者更高。生产者的角色不仅是寻找食物，也指导其他个体移动，使整个族群更有利于寻找到更好的食物来源：

$$X_{i,j}^{t+1} = \begin{cases} X_{i,j}^t \cdot \exp\left(\dfrac{-i}{a \cdot iter_{\max}}\right) & if \quad R_2 < ST \\ X_{i,j}^t + Q \cdot L & if \quad R_2 \geqslant ST \end{cases} \tag{7.13}$$

式中，$X_{i,j}^{t+1}$ 表示第 $i$ 只麻雀在迭代 $t$ 时第 $j$ 维的值；$\alpha$ 取值位于（0，1）；$iter$ 表示最大迭代次数；$Q$ 表示服从正态分布的随机数；$L$ 表示矩阵（$1 \times g$）之间的一个随机数，其元素均为 1；$R_2$ 表示报警值在（0，1）之间；$ST$ 表示安全阈值在（0.5，1]

之间。至于狩猎者，他们会带走生产者发现的食物，离开自己的位置。

$$X_{i,j}^{t+1} = \begin{cases} Q \cdot \exp\left(\dfrac{X'_{\text{wost}} - X'_{i,j}}{i^2}\right) & if \quad i > n/2 \\ X_P^{t+1} + |X'_{i,j} - X_P^{t+1}| \cdot A^+ \cdot L & otherwise \end{cases} \tag{7.14}$$

式中，$X_P$ 和 $X_{\text{worst}}$ 分别表示全局位置中最优和最差的位置，$A^+$ 表示一个矩阵（$1 \times g$），其元素是随机分配的 $-1$ 或 $1$，同时 $A^+ = A^T (AA^T)^{-1}$。此外，$10\% \sim 20\%$ 的麻雀在殖民地是随机选择的感觉危险。当感知到危险时，群边缘的麻雀会快速移动到相对安全的位置，而群中间的麻雀则会随机移动到距离较近的位置。

$$X_{i,j}^{t+1} = \begin{cases} X_{\text{best}}^t + \beta \cdot |X'_{i,j} - X_{\text{best}}^t| & if \quad f_i > f_{\text{best}} \\ X_{i,j}^t + K \cdot \left(\dfrac{|X'_{i,j} - X'_{\text{worst}}|}{(f_i - f_{\text{worst}}) + \varepsilon}\right) & if \quad f_i = f_{\text{best}} \end{cases} \tag{7.15}$$

$X_{\text{best}}$ 表示当前全局最优位置，$\beta$ 是步长控制参数，并且是一个正态分布的随机数，其均值为 $0$，方差为 $1$，$K \in [-1, 1]$ 是另一个随机数，$f_i$ 代表当前麻雀的适应度值，而 $f_g$ 和 $f_w$ 分别是当前全局最佳和最差适应度值，$\varepsilon$ 设定为最小的常数，以避免分母为 $0$。如果 $f_i > f_g$，说明麻雀靠近群体的边缘，此时 $X_{\text{best}}$ 代表麻雀的中心位置，在此周围是安全的，$f_i = f_g$ 表明麻雀认识到了危险的存在时，向其他麻雀靠近，$K$ 表示麻雀移动的方向，同时也是步长控制系数。

SSA 优化 LSTM 可有效增强模型的性能，对于 SSA – LSTM，采用 SSA 对 LSTM 的超参数，如网络结构、学习率、迭代次数等进行参数寻优，获得的最优参数下的 LSTM 比单一 LSTM 模型拥有更高的预测性能。麻雀搜索算法（SSA）与遗传算法（GA）、鲸鱼算法和传统的网格搜索等算法相比，可以找到全局最优解和提高收敛速度，是一种基于麻雀觅食和捕食者逃逸过程的群体优化算法。与灰狼优化（GWO），重力搜索（GSA）和粒子群优化（PSO）等新型群智能优化算法相比，SSA 的寻优能力、鲁棒性、稳定性和收敛速度等方面均优于其他算法。

每个人工神经网络都有参数和超参数。参数可以根据模型本身的算法通过数据迭代自动学习的变量，例如权重（$w$）和偏差（$b$）。超参数是建模者要校准的参数，其对模型的准确性非常关键。在本研究中，由于输入变量是连续变量，因此浸润线、坝体内部沉降量和环境变化数据直接输入机器学习模型中。在 SSA – LSTM

中，SSA 用于优化以下四个超参数：神经元数量包括第一个隐藏层和第二个隐藏层的数量（hidden nodes optim）、迭代次数（itration optim）和学习率（learning rate optim）。最后，在 LSTM 模型中使用优化的超参数，输出变量为尾矿坝位移，图 7.4 为 SSA 优化 LSTM 流程图。

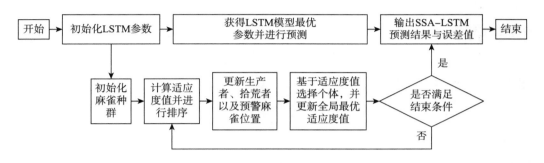

**图 7.4　SSA 优化 LSTM 流程图**

## 7.5　基于 RF – SSA – LSTM 模型构建

RF – SSA – LSTM 网络预测模型的实现分为 6 个不同阶段：

第一个阶段是数据预处理，其目的是采集尾矿坝在线监测的状态参数数据，并对其进行归一化处理，以便后续分析使用。

第二个阶段中，对处理后的尾矿坝变形影响因素数据样本进行输入特征降维，并将其输入到 RF 模型中进行验证训练。在此过程中记录每次模型得到的均方误差，并在误差趋于稳定时计算每个状态参数的重要性值。根据重要程度确定输入变量，从而继续进行下一步的训练。当尾矿坝变形影响因素数据未能在此阶段稳定时，将重新构建 RF 模型进行训练。

第三个阶段是 LSTM 预测模型的构建，该步骤主要是结合评价指标 *RMSE*、*MAE* 和 $R^2$ 对初始化 LSTM 网络参数进行优化，构建 RF – LSTM 网络预测模型，以便进行后续的预测工作。

第四个阶段是优化预测模型构建，采用 SSA 算法搜索 LSTM 模型的最优参数，参数包括 LSTM 模型第一个隐藏层和第二个隐藏层的数量、迭代次数和学习率。首先，设置 SSA 的麻雀参数初始值，如变量维数和麻雀的数量，并确定最大迭代次数。对于初始种群，计算和排序其适应度值以找到最佳和最差适应度值。其次，更新麻雀察觉到危险、跟随者、发现者的位置。最后，根据设置的迭代次数及收敛条件，获取到在尾矿坝变形影响因素的数据下 LSTM 预测模型全局最优的适应度值和全局最优解值。

第五个阶段，使用 SSA 获得的最优超参数构建 LSTM 模型，采用 80% 尾矿坝影响因素数据作为训练集进行训练，并选取 20% 测试集进行预测。

第六个阶段，使用不同的评价指标对模型的预测性能进行评价。

LSTM 有效地解决了梯度消失与爆炸问题，但 LSTM 模型中超参数之间选择没有规律，不同超参数将导致模型预测性能存在差异。为实现更高精度的预测结果，结合 SSA 的特点，本书提出 RF – SSA – LSTM 模型用于尾矿坝变形预测。将处理后的尾矿坝变形影响因素数据进行归一化处理，公式如下：

$$x^* = \frac{x - x_{\min}}{x_{\max} - x} \tag{7.16}$$

式中，$x^*$ 表示归一化处理后形成尾矿坝影响因素的数据；$x$ 代表原始数据；$x_{\max}$ 和 $x_{\min}$ 分别是尾矿坝影响因素数据的最大值和最小值。

为了进行比例划分，归一化尾矿坝变形数据，并划分为训练集和测试集，对不同类型的数据添加相应的标签。采用 SSA 算法优化 LSTM 模型的学习率和迭代次数等参数，将训练集通过模型计算的预测值与真实值间的均方根误差作为适应度函数。选择以适应度值最小的 SSA 种群位置向量作为 LSTM 模型中最优学习率和迭代次数的值。最后，使用尾矿坝变形数据集来训练、验证和测试最优参数构建的 LSTM 模型。

本书构建了 RF – SSA – LSTM 模型，将监测数据采用 RF 进行特征筛选降维，输入到 SSA 优化的 LSTM 模型中，基本流程如图 7.5 所示，具体步骤如下所示：

（1）依据预测体系收集监测数据和气象数据，对数据进行数据清洗包括异常值检验和缺失值填补。

（2）采用随机森林算法筛选影响尾矿坝变形因素。

（3）利用 SSA 算法寻找 LSTM 算法中的最优参数，得到 SSA – LSTM 模型。

（4）计算误差值，输出 SSA – LSTM 模型结果和误差值输出，得到时间预测结果。

（5）性能评估及模型评价。

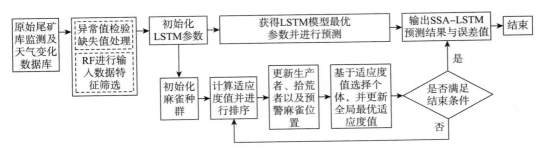

**图 7.5　RF – SSA – LSTM 预测模型基本流程图**

# 7.6　模型性能评估准则

为衡量 RF – SSLSTM 尾矿坝变形预测模型的适用性与准确性，本书采用均方根误差（$RMSE$）、平均绝对误差（$MAE$）、和 $R$ 平方（$R^2$）作为主要评价指标。公式如下：

$$RMSE = \sqrt{\frac{1}{N} \sum_{i=1}^{N} (X_i - \hat{X}_i)^2} \tag{7.17}$$

$$MAE = \frac{1}{N} \sum_{i=1}^{N} |X_i - \hat{X}_i|^2 \tag{7.18}$$

$$R^2 = 1 - \frac{\sum_i (\hat{X}_i - X_i)^2}{\sum_i (\bar{X} - X_i)^2} \tag{7.19}$$

$f(x_i)$ 代表输入变量为 $x_i$ 时的预测结果，$n$ 为预测集的数据记录条数，$y_i$ 代表真实值。采用均方根误差（$RMSE$）来实现观测值和真值之间的偏差的定量化，$RMSE$ 被定义为偏差的平方和与观测次数 $n$ 的比率的平方根。$MAE$ 代表了每组预测值的平均绝对误差，是用来区别不同模型预测能力的有效指标。在后续的实验中，将主要使用 $MAE$ 和 $RMSE$ 作为模型性能评价标准来衡量不同模型的预测准确性。

# 7.7　本章小结

首先，本章介绍了 LSTM 算法的原理、与传统 RNN 的区别，并且介绍了相关参数值对结果的影响；其次，介绍特征选择算法 RF 的原理，与 LSTM 相结合的流程步骤；最终，介绍麻雀搜索算法原理，详细介绍了 RF – SSA – LSTM 融合算法的计算流程。为衡量预测模型的精度，采用均方根误差（$RMSE$）、平均绝对误差（$MAE$）、和 $R$ 平方（$R^2$）作为评价指标。通过本章的模型建立，构建的融合算法预测模型的计算框架，为后文的模型应用于评价奠定了基础。

# 第 8 章

## 基于 RF – SSA – LSTM 预测模型的应用研究

如果直接根据现场监测数据建立监测模型，存在的异常值与数据缺失等问题必然会影响 RF – SAA – LSTM 预测模型的性能，导致预测模型无法达到预期预测精度。因此，在训练 RF – SSA – LSTM 预测模型之前，需对收集的监测数据先进行异常值检验与缺失值处理，即检测出可能影响预测监测模型异常值与缺失值，以消除数据质量对 RF – SSA – LSTM 预测模型带来的不利影响。

尾矿坝变形受降水量、库水位变化、坝体沉降量和浸润线高度等因素的影响，使尾矿坝变形具有突变型、非线性和模糊性等特点。尾矿坝变形的演化规律是一个复杂的动态过程。传统的模型或数理统计的方法难以准确地对变形规律进行预测。诸多学者对不同单一因素对坝体变形的影响进行了研究，建立的单因素预测模型取得了较好的成果，但是降低了在众多特殊条件下预测的准确性。

本章将尾矿坝的浸润线、库水位、坝体沉降量及环境变化因素作为输入影响因素，预测尾矿坝变形随时间变化趋势。在数据处理与模型建立的基础上，将 RF – SSA – LSTM 应用到实际问题上，以 *MAE*、*RMSE* 和 $R^2$ 为评价指标，综合评价模型的性能，并与 LSTM、MLP 和 SSA – LSTM 模型做对比，预测结果表明 RF – SSA – LSTM 模型的性能更适合用于尾矿坝变形预测。

# 8.1　数据预处理结果

采用缺失森林算法将输入数据进行缺失值填补，其中 2 号上内部沉降量缺失值数目最多为 739 个，库水位的缺失值为 560 个，其他各项具体结果见表 8.1。

表 8.1　基于四分位法数据缺失值检验

| 位置 | 缺失值个数 | 位置 | 缺失值个数 |
|---|---|---|---|
| 7 号浸润线 | 143 | 14 号浸润线 | 17 |
| 8 号浸润线 | 0 | 15 号浸润线 | 15 |
| 9 号浸润线 | 123 | 18 号浸润线 | 3 |
| 12 号浸润线 | 0 | 库水位 | 560 |
| 1 号上内部沉降量 | 0 | 2 号中内部沉降量 | 106 |
| 2 号上内部沉降量 | 739 | 1 号下内部沉降量 | 0 |
| 1 号中内部沉降量 | 0 | 2 号下内部沉降量 | 103 |

图 8.1 表明此次数据库包含 14 个系统监测数据，每组数据量为 8260 个。图中白色部分为缺失值分布位置，7 号浸润线缺失值主要分布在数据初期，8 号浸润线

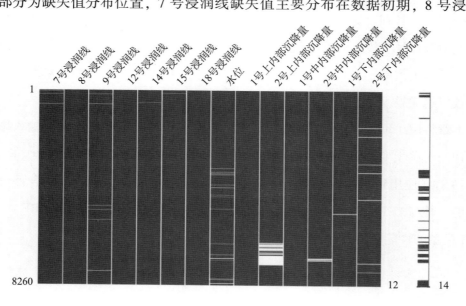

图 8.1　缺失值分布图

不存在缺失值，9 号浸润线缺失值分布在前中后三期，12 号浸润线数值无缺失，14 号浸润线前期存在缺失值，18 号浸润线数值正常，库水位缺失值存在于中后期，1 号上内部沉降量无缺失值，2 号上内部沉降量在后期存在较多的缺失值，1 号中内部沉降量数值正常，2 号中内部沉降量在后期存在少量缺失值，1 号下内部沉降量中期存在少量缺失值，2 号下内部沉降量在前中后期均存在少量缺失值。众多监测数据属于连续数据，故采用缺失森林算法进行缺失值填补原理为采用各组数据的均值进行替换，可有效增加数据的质量保障模型的预测性能。

图 8.2 为监测数据的箱型图，显示了个监测数据数值分布图。从图中可以观测到 7 号浸润线的中位线为 10.93m，均值约为 10.8m，上下四分位数分别为 10.61m、11.05m，经过计算得到其上下边缘分别为 11.2m、9.95m；8 号浸润线的中位数为 7.974m，均值约为 7.975m，上下四分位数分别为 7.972m、7.98m，经过计算得到其上下边缘分别为 7.983m、7.97m；9 号浸润线的中位数为 18.19m，均值约为 18.2m，上下四分位数分别为 18.14m、18.24m，经过计算得到其上下边缘分别为 18.38m、18.02m；12 号浸润线的中位数为 18.247m，均值约为 18.77m，上下四分位数分别为 18.6m、18.9m，经过计算得到其上下边缘分别为 19.05m、18.45m；14 号浸润线的中位数为 14.84m，均值约为 14.82m，上下四分位数分别为 14.545m、15.03m，经过计算得到其上下边缘分别为 15.757m、14.252m；15 号浸润线的中位数为 16.24m，均值约为 16.24m，上下四分位数分别为 16.18m、16.33m，经过计算得到其上下边缘分别为 16.44m、16m；18 号浸润线的中位数为 11.52m，均值约为 11.52m，上下四分位数分别为 11.46m、11.59m，经过计算得到其上下边缘分别为 11.7m、11.32m；水位线的均值约为 15830.23cm，上下四分位数分别为 15830cm、15830.5cm，经过计算得到其上下边缘分别为 15831.25cm、15829.267cm；1 号上内部沉降量主要分布在 0.1 ~ 0.2cm；2 号上内部沉降量主要分布在 0 ~ 0.4cm；1 号中内部沉降量主要分布在 － 0.2 ~ 0.1cm；2 号中内部沉降量主要分布在 － 0.1 ~ 0.3cm；1 号下内部沉降量主要分布在 － 0.6 ~ － 0.2cm；2 号下内部沉降量主要分布在 0.1 ~ 0.2cm。

不同的监测存在少量的异常值，这种异常值可能是监测仪器信号不稳定造成的，将其输入模型训练将导致模型预测出现一定偏差，需将异常值删除以各组连续数据的均值作为替换，有效加强数据的平滑性并提高训练模型的准确性。

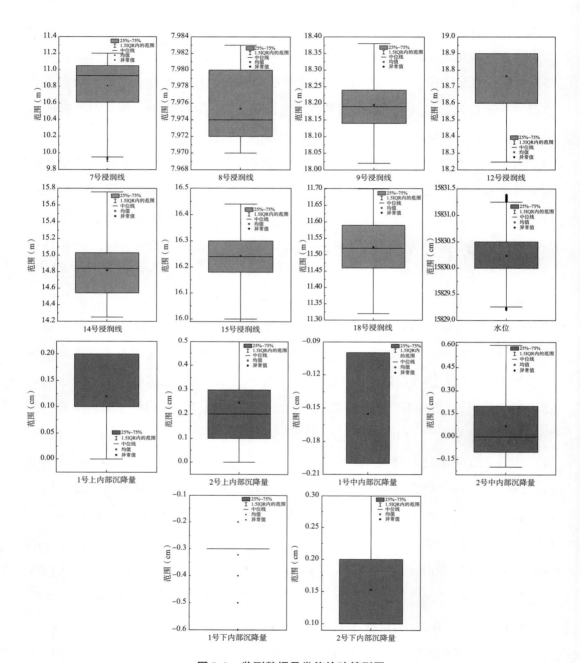

图 8.2 监测数据异常值检验箱型图

# 8.2　基于 RF - SSA - LSTM 特征选择结果

RF 从决策树中获得每个特征的重要性。一个特征的重要性表明了这个特征在提升树构造中的作用。如果一个特征在所有树中更经常地被用作划分属性，那么其更重要。单个决策树的重要性由每个属性划分点改进性能度量的量来计算，并由节点负责的观察数来加权。在模型中的所有决策树上平均元素重要性，获得每个特征的最终重要性，之后可以对特征进行排序或相互比较。

将尾矿库监测数据输入 RF 模型中进行特征重要程度筛选，如图 8.3 所示，图中为不同影响因素对 10 号坝体位移的影响程度。7 号浸润线的影响程度为 0.14726，8 号浸润线为 0.13681，9 号浸润线为 0.11668，12 号浸润线为 0.09571，14 号浸润线为 0.07691，15 号浸润线为 0.05581，18 号浸润线为 0.05278，库水位为 0.04057，1 号上内部沉降量为 0.03983，2 号上内部沉降量为 0.03838，1 号中内部沉降量为 0.03637，2 号中内部沉降量为 0.02753，温度为 0.02514，风速为

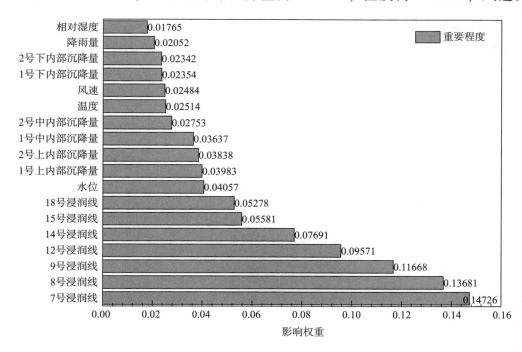

图 8.3　RF 特征选择结果

0.02484，1 号下内部沉降量为 0.02354，2 号下内部沉降量为 0.02342，降水量为 0.02052，相对湿度为 0.01765。其中 7 号浸润线对坝体位移的相对影响程度最大，相对湿度对坝体位移影响程度最小，但通过二者数值比较发现，影响数值相差较小。此外，由于本书选取的时间为 1 月到 6 月，在此期间降雨量较少，故导致降水量对坝体的位移影响程度较小。

依据相对重要性程度，本书将 1 号下内部沉降量、2 号下内部沉降量、降水量和相对湿度 4 个特征剔除，将剩下所有特征作为 RF 筛选后的新特征作为输入 SSA – LSTM 的模型输入数据。

## 8.3 基于 RF – SSA – LSTM 时间预测模型参数调优

实验中 RF – SSA – LSTM 模型的参数设定为：输入层为 14 维向量；隐藏层层数为 2；输出层为 1 维向量；采用 softmax 函数作为激活函数；令初始的学习率为 0.01，第一层隐含层神经元为 50，第二层隐含层神经元为 50，batch_size = 1。该预测模型将隐藏层单元个数、look_back 值和学习率作为 LSTM 模型的超参数，并设置其取值范围。其中，隐藏层单元个数的取值范围为 [1，100]，学习率的取值范围是 [0.001，0.01]。麻雀种群规模设置为 10，最大迭代次数为 10。生产者在种群中的占比为 20%，其安全阈值为 0.8；以预测数值的 RMSE 作为适应度函数。

为了展示麻雀搜索算法确定 LSTM 坝体位移预测模型最优参数值的过程，以尾矿坝监测数据与天气数据为输入，麻雀搜索算法的适应度曲线变化如图 8.4 所示。图 8.5 展示了神经元数量（hidden nodes optim）、迭代次数（itration optim）和学习率（learning rate optim）在优化过程中的变化。从图 8.5 可以看出，对于特征选择后的尾矿坝监测数据，从第 6 次迭代开始，适应度值达到稳定状态，说明优化 LSTM 尾矿坝变形预测模型的麻雀搜索算法较容易收敛；LSTM 模型的最佳配置是第一层隐藏层的神经元数量为 67，第二层隐藏层的神经元数量为 87，学习率为 0.0019。

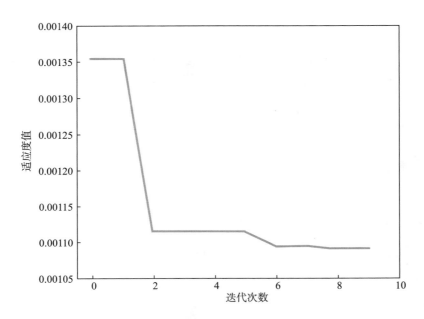

**图 8.4　采用麻雀搜索算法优化 LSTM 的适应度曲线**

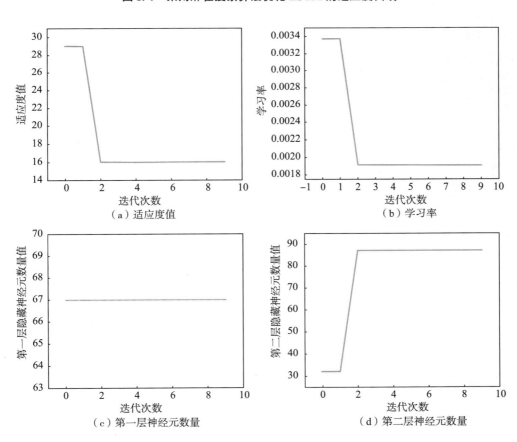

**图 8.5　麻雀搜索算法优化 LSTM 迭代过程中的不同参数变化**

# 8.4　实　验　结　果　及　分　析

## 8.4.1　结果分析

RF – SSA – LSTM 预测的预测结果如图 8.6 所示。图中表明 RF – SSA – LSTM 拥有较好的预测效果，预测值与真实值比较接近。RF – SSA – LSTM 的 *RMSE* 为 0.0129，*MAE* 为 0.008，$R^2$ 为 0.980，经过 RF 特征选择与 SSA 优化后的 LSTM 模型预测的准确度较高，在数据的前期基本与真实值相吻合，在后期出现了部分偏差，但总体变化趋势与真实值基本一致。分析后期出现偏差的原因可能，由于存在部分降雨，烟台市处于北方地区，降雨季节应在 7—8 月，在 1—6 月降雨较少，导致降雨的数据变化较小，模型难以学习到降雨对位移的影响，故导致在后期出现了一定的偏差。

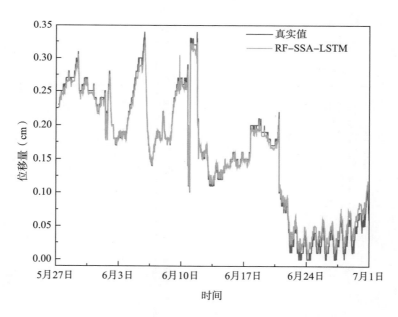

**图 8.6　RF – SSA – LSTM 预测图**

## 8.4.2    模型对比实验

为了验证本书提出的 RF – SSA – LSTM 模型相较于其他模型的预测效果，分别采用 LSTM 算法、MLP 算法、LR 算法、Bayesian 算法、XGboost 算法和 SSA – LSTM 组合模型进行对比，如图 8.7 所示。

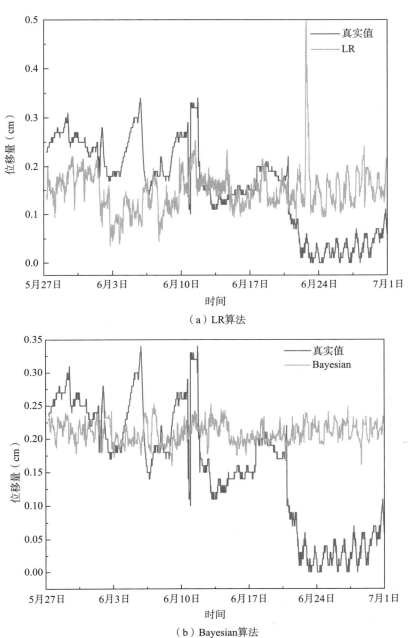

（a）LR算法

（b）Bayesian算法

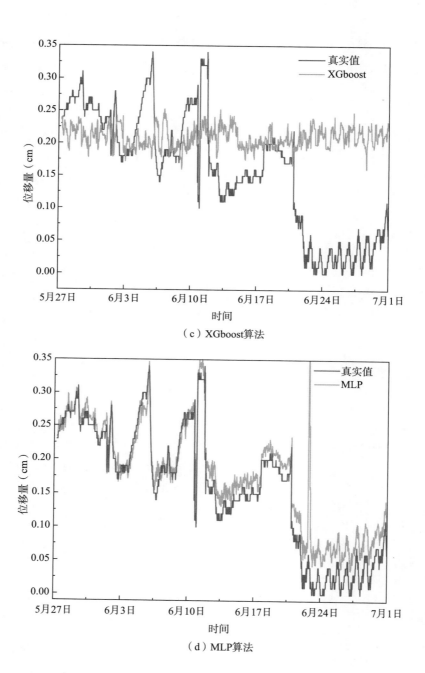

（c）XGboost算法

（d）MLP算法

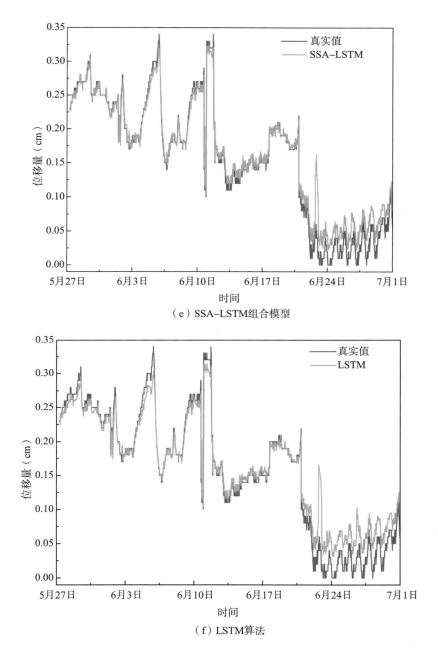

（e）SSA–LSTM组合模型

（f）LSTM算法

**图 8.7　多模型预测图**

XGboost 测试集的 *RMSE* 值为 0.1068，*MAE* 值为 0.0842，$R^2$ 值为 0.3672。XG-boost 模型预测的偏差较大，数值维持在固定数值上下波动，未有效学习到真实位移变化的规律，与真实值偏差就大，难以作为位移预测的有效模型。

LR 测试集的 *RMSE* 值为 0.1029，*MAE* 值为 0.0856，$R^2$ 为 0.2688。LR 模型预

测的结果部分趋势与实际相符，但是预测数值存在较大偏差。另外其预测值中存在跳跃点，严重偏离了实际值，故 LR 模型泛化能力较弱。

Bayesian 测试集的 $RMSE$ 值为 0.1057，$MAE$ 值为 0.0863，$R^2$ 为 0.3380。Bayesian 模型预测的结果未有效预测到位移变化的趋势，其预测结果维持在固定值波动，与真实值存在较大偏差。

MLP 测试集的 $RMSE$ 为 0.0357，$MAE$ 为 0.0241，$R^2$ 为 0.8469。MLP 模型在 6 月 20 日数据前具有较好的预测效果，与真实值相吻合，但在 6 月 20 日数据后开始出现偏差，在 6 月 22 日后数据偏差加大，总体趋势变化与真实值相符合。在数据后期出现较大的偏差是由于 MLP 模型对于输入参数的敏感性不同，由于天气数据发生了较大的变化，温度升高，增加了部分降水量导致模型预测结果出现了偏差，这表明 MLP 模型对于环境变化时难以达到预期的效果。

LSTM 测试集的 $RMSE$ 为 0.0234，$MAE$ 为 0.0156，$R^2$ 为 0.93411。LSTM 整体趋势与真实值相符，但是在位移的一些峰值时预测效果出现了较大的偏差，在数据后期环境变化时也产生了较大的偏差，证明 LSTM 对于融合天气因素的预测结果效果较差，这也导致单一的 LSTM 模型在面对极端天气时，难以预测准确，对于尾矿安全的预测、预警的效果将减弱。

SSA – LSTM 的 $RMSE$ 为 0.0194，$MAE$ 为 0.0125，$R^2$ 为 0.9530。将 SSA 优化 LSTM 的参数，计算了 LSTM 模型最优参数时预测效果，效果与 LSTM 相比有了提升，在真实值波峰的预测更加准确，但是在融合天气因素变化时，效果依然存在较大偏差。

众多模型预测如图 8.8 所示。7 个模型的比较表明，XGBoost 预测模型和 Bayesian 预测模型在预测峰值处的位移量更不准确。LR 模型在预测较低真实值的位移量方面效果较差。当位移变化波动较大时，SSA – LSTM、LSTM 和 MLP 的预测效果较差。SVR 的总体预测值大于实际值。RF – SSA – LSTM 预测模型在预测峰值处的位移方面更准确，因此表明具有特征提取的 SSA – LSTM 预测模型在预测位移量的突变方面更准确。并且 RF – SSA – LSTM 模型预测的位移变化与实测值接近，当实测位移快速变化时，预测值与实测值偏差较小。SSA – LSTM、LSTM 和 MLP 三种模型虽然能在实测值急剧增加或减少时，准确预测其变化趋势，但与实测值存在较大偏差。将 7 种模型预测位移随时间变化的预测值与实测值进行比较，RF – SSA – LSTM 模型预测效果最好。

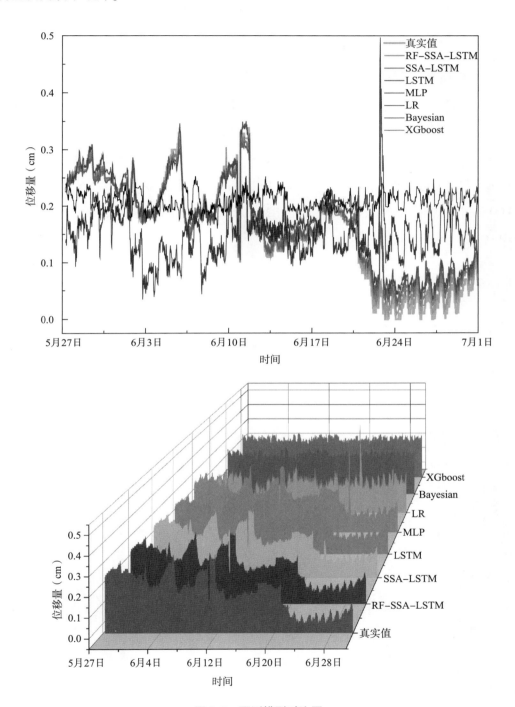

图 8.8　预测模型对比图

# 8.5　模型效果对比

7种模型预测误差对比图如图8.9所示，图中表明 RF – SSA – LSTM、SSA – LSTM、LSTM 和 MLP 的 $R^2$ 较大且 $MAE$ 和 $RMSE$ 较小，表明四种模型预测效果较好，更适用于尾矿坝变形预测。但详细对比 $MAE$ 和 $RMSE$ 分布发现，RF – SSA – LSTM 明显更优于其他诸多模型。表8.2为多种预测模型误差对比，包含了 $MAE$，$RMSE$ 和 $R^2$ 三项。表中显示 RF – SSA – LSTM 的 MAE 比 SSA – LSTM 减小36%，比 LSTM 减小49%；RF – SSA – LSTM 的 RMSE 比 SSA – LSTM 减小34%，比 LSTM 减小45%。

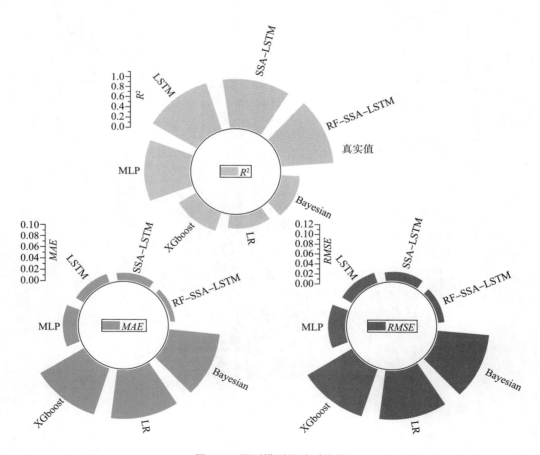

图 8.9　预测模型误差对比图

表 8.2　模型误差对比

| 模型 | *MAE* | *RMSE* | $R^2$ |
|---|---|---|---|
| RF – SSA – LSTM | 0. 0080 | 0. 0129 | 0. 9800 |
| SSA – LSTM | 0. 0125 | 0. 0194 | 0. 9550 |
| LSTM | 0. 0156 | 0. 0234 | 0. 9341 |
| MLP | 0. 0241 | 0. 0357 | 0. 8469 |
| XGboost | 0. 0842 | 0. 1068 | 0. 3671 |
| Bayesian | 0. 0863 | 0. 1057 | 0. 3380 |
| LR | 0. 0856 | 0. 1029 | 0. 2688 |

如图 8.10 所示，RF – SSA – LSTM 预测模型优于 SSA – LSTM 和 LSTM 预测模型，预测值与真值曲线拟合更好。使用 SSA 优化算法的 SSA – LSTM 模型比单一深度学习模型 LSTM 模型给出了更好的预测结果，与 LR、XGboost、MLP 和 Bayesian 四种模型相比更适合对尾矿坝变形数据的预测。RF – SSA – LSTM 预测模型采用 RF 模型择优选择特征变量，降低了预测模型输入特征变量的数量，提高了模型构建及

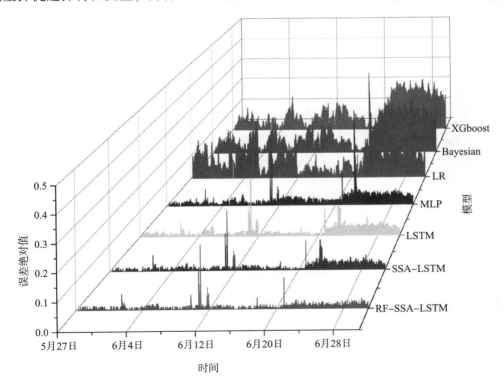

图 8.10　测试值误差分布

计算的效率。该模型充分挖掘了尾矿坝变形时间序列数据与影响因素间的关系，深入学习了尾矿坝变形长期随时间变化趋势与规律，取得了较高的预测水平。

## 8.6　本章小结

本章采用四分位算法将输入数据进行异常值检验，发现其中 2 号上内部沉降量异常值数目最多为 739 个，库水位的异常值为 560 个。将处理好的数据建立了基于 RF－SSA－LSTM 融合算法预测模型，结果表明预测值与真实值较为接近，拥有较好的预测效果，RF－SSA－LSTM 的 $RMSE$ 为 0.0129，$MAE$ 为 0.008，$R^2$ 为 0.980。其他机器学习预测结果分别为：XGboost 测试集的 $RMSE$ 值为 0.1068，$MAE$ 值为 0.0842，$R^2$ 值为 0.3672；LR 测试集的 $RMSE$ 值为 0.1029，$MAE$ 值为 0.0856，$R^2$ 为 0.2688；Bayesian 测试集的 $RMSE$ 值为 0.1057，$MAE$ 值为 0.0863，$R^2$ 为 0.3380；MLP 测试集的 $RMSE$ 为 0.0357，$MAE$ 为 0.0241，$R^2$ 为 0.8469；LSTM 测试集的 $RMSE$ 为 0.0234，$MAE$ 为 0.0156，$R^2$ 为 0.93411；SSA－LSTM 的 $RMSE$ 为 0.0194，$MAE$ 为 0.0125，$R^2$ 为 0.9530。

通过与其他众多预测模型进行对比，RF－SSA－LSTM 预测模型优于 SSA－LSTM 和 LSTM 预测模型，预测值与真值曲线拟合更好。使用 SSA 优化算法的 SSA－LSTM 模型比单一深度学习模型 LSTM 模型给出了更好的预测结果，进而与 LR、XGboost、MLP 和 Bayesian 四种模型相比更适合对尾矿坝变形数据的预测。本书构建的 RF－SSA－LSTM 预测模型，以 RF 模型为基础选择了最优的特征变量，并通过 SSA 优化算法找到了最佳模型参数，拥有比单纯 LSTM 模型更好的预测能力。该模型通过充分挖掘时间序列数据之间的关系，避免了梯度消失等问题，获得了出色的预测表现。经过对比实验，发现这一模型在尾矿坝变形预测领域具有出色的预测能力，能够广泛地应用。

# 第 *9* 章

# 尾矿库灾害防控与应急机制

通过汇总敏感性分析可知，排洪系统受损、坝体稳定性差、库水位高、坝体破裂、干滩长度不足、施工质量差6个因素是尾矿库事故中敏感因素。同时，在尾矿库事故致因治理时，也应注重源头治理，在事故演化路径分析中，可知安全管理不到、施工质量差、安全意识差、违章作业、降雨、地震是诱发事故的开始，并确定了4条关键路径，针对以上因素，提出防控对策。尾矿库完善的应急机制对于减轻事故灾难，降低事故损失意义重大，本书依据突发事件应对、安全生产、矿山安全等相关法律、法规的规定以及应急管理部发布的《尾矿库环境应急预案编制指南》《国家安全生产事故灾难应急预案》等资料文件，分别从应急准备、应急响应、善后恢复、应急保障四个方面提出了尾矿库事故应急机制，同时针对前文中提到的常见尾矿库事故类型，提出对应的事故应对措施，以期为尾矿库灾害防控提供支撑。

## 9.1 防控对策

### 9.1.1 物的层面

1. 加强排洪系统日常维护，提升防洪安全水平

构建并完善排洪系统的定期巡检和维护制度，全面仔细地对排水管道、排水

井、溢洪道、泄洪闸门等各个组成部分进行排查与评估，及时了解其受损程度和对整体排洪能力的影响，保持排洪设施持续保持良好的运行状态。同时，引入现代科技手段，实现对排洪系统的智能化监控和预警，依托数据分析平台，做到早发现、早预警、早干预。对于轻微受损的设施，如修补裂缝、疏通堵塞等应尽快修复；对于严重受损的设施，优先进行加固处理，在维修期间，可临时增设移动式抽水泵等排水设施，根据受损情况，重新评估原有排洪系统的适应性、可靠性，考虑采用增大管道尺寸、增设泄洪口等优化设计方案，增强其抵抗自然灾害的能力；当于主排洪系统无法迅速修复时，应及时启动并升级备用排洪设施。

2. 实施水位监测预警，有效降低尾矿库水位

增设或改善排水设施，确保能够迅速排除多余水分，同时优化回水系统，提高回水再利用率，例如，将部分库水用于矿山生产或其他相关用途，从而有效降低尾矿库水位。与当地气象部门建立协同配合机制，及时获取天气预测信息，掌握天气变化趋势，在雨季或预计有强降雨时，适时调节排洪系统运行模式，确保在降雨期间排洪设施具备足够的排水能力；针对季节性水位变化，合理规划尾矿库的存储容量和沉积速率。建立实时的尾矿库水位在线监测系统，对尾矿库水位进行全天24小时和全方位监测，并设定科学合理的预警阈值，一旦监测数据接近或超过预设阈值立即启动紧急排水措施、同时开展上下游协调沟通等应急响应程序。

3. 优化尾矿排放方式，加强滩面整理维护

定期对尾矿库滩面进行平整压实作业，提高滩面的稳固性和渗透性。根据气候变化和降水量，适时调整尾矿排放方案，尽量采用均匀分层的排矿方式。结合尾矿性质和库区地形特征，科学合理规划尾矿堆存区域，确保尾矿在库内均匀分布，增大干滩面积。同时可考虑增设或改进尾矿浓缩设施，以提升尾矿浓度，并优化尾矿库排水系统设计和运行管理，确保积水迅速排出，降低滩面饱和度，增加干滩区域。同样，需对干滩长度进行实时监测预警，密切关注干滩长度的变化情况，一旦监测数据显示干滩长度不足，及时采取相应措施进行补救。

4. 提升坝体监测力度，加强新技术应用

定期对尾矿坝进行全面勘察，引进无人机、卫星遥感等新兴技术，加大对尾矿坝的监测力度和提升效率。一旦发现坝体出现裂缝、塌陷等异常现象，应立即组织

专家进行技术分析，启动应急预案。针对坝体出现的轻微裂缝，可依据缝隙的大小和位置选择合适的灌浆材料和工艺进行修补；针对坝体出现的中等深度裂缝，可采用开挖回填与灌浆相结合的方法进行修补，同时矿山企业应该研发坝体加固的新材料和新工艺。如果坝体裂缝不能及时修补或裂缝较大，需要迅速组织周围居民撤离溃坝范围。

## 9.1.2 管理层面

1. 落实企业主体责任，建设安全教育体系

企业要明确安全生产是首要任务，建立完善的安全管理制度和操作规程，规范各项安全管理工作流程。定期开展尾矿库安全隐患排查治和风险评估，编制并报备尾矿库安全风险应急预案，落实预案相关要求。细化尾矿库日常安全管理的工作任务，构建工作专人负责、风险及时上报、责任层层传导的规范化管理格局。全面配合各级主管部门对尾矿库安全运行的监督管理要求，遇到尾矿库事故时，迅速启动初步应对措施，在应急终止后，配合政府及相关部门开展后续管理与恢复工作。对于地震多发的区域企业应加大尾矿库抗震设计的研究工作，避免采取上游式筑坝工艺。同时，加快建设安全培训和安全教育体系，使工作人员树立安全生产价值观，深入"预防为主"思想。定期组织安全生产教育和技能培训，包括安全操作规程、应急处置等方面，以提升员工的安全意识和应急处理能力，确保员工具备相关知识和技能。

2. 建立双控信息平台，优化在线监测系统

企业以尾矿库事故预防管理为目标，建立基于风险分级管控与隐患排查治理相结合的双重预防机制，并建立双控信息化平台。该平台全面实现对尾矿库风险记录、跟踪、统计、分析上报全过程信息化管理，实现尾矿库隐患排查、整改、验收全过程记录。对尾矿库库水位、排水井和放矿滩面等重点位置实行视频实时监控管理，优化坝体位移、浸润线、干滩长度、降雨量等监测系统，对人力难以抵达的风险隐患点，使用小型无人机，实时传输风险点信息，降低人力成本，提高风险识别的精准性。

### 9.1.3　人员层面

1. 制定详细规章制度，强化全员安全意识

制定详细的尾矿库操作规程，明确规定各项工作的具体执行步骤，同时明晰各级管理者和操作人员在尾矿库安全生产中的责任，建立健全的安全责任体系，使每个人都能意识到自己在维护尾矿库安全生产中的重要地位。定期开展尾矿库基本知识、安全操作规程、事故案例分析等安全培训课程；定期召开内部交流会议，分享安全操作经验并探讨在施工时遇到的问题，不断提升员工的安全意识和管理水平；定期组织应急演练活动，不断完善尾矿库安全应急预案，确保预案在实际应用中切实可行。利用视频监控、安全报警系统等智能化、信息化管理手段，能够有效减少人为因素导致的安全隐患，并对尾矿库施工现场进行定期和不定期监督和检查，对违规操作的人员进行记录和严肃处理。

2. 加强施工现场安全管理，强化施工质量管理

严格执行安全施工规章制度，系统构建施工质量管理体系，同时，对施工人员进行详尽的技术交底和专项技能培训，尤其是对尾矿库构筑物的关键结构部位和特殊施工工艺的正确操作。在施工期间应严格把控材料质量，积极采用先进的施工技术和设备，确保尾矿库坝体结构的稳定性和安全性得到最大程度的保障。同时，加强施工人员安全教育与培训，杜绝因赶工期、降低成本等原因，导致施工质量下降，确保在整个施工过程中始终坚守质量和安全红线。

### 9.1.4　环境层面

1. 密切与气象部门合作，加强防汛技术准备

加强与当地的气象部门合作，及时获取气象信息，根据预报在大雨或暴雨来临前，提前对尾矿库的排洪设施进行全面细致检查，核实是否存在堵塞、破损等情况，同步评估周边环境是否存在可能引发地质灾害的风险因素。在此基础上，提前降低库内水位，预留充足的调洪库容。制定并不断完善尾矿库在极端天气下的应急

预案，确保在面对突发事故时能够迅速而有效地采取应对措施。如果遇到洪水漫顶、排水管坍塌等险情，及时上报相关部门和当地政府，并在险情持续恶化的情况下，迅速组织尾矿库下游人员疏散转移。

2. 多方联动资源共享，加强维护巡查

尾矿库在设计和建设阶段应遵循尾矿库抗震设计标准，对尾矿库的建设地质进行详细的地质勘查，选择地质条件较好的区域建设。与地震监测、气象和地质等部门建立信息共享的应急联动机制，确保能及时获取地震信息并采取应对措施。在地震后及时对尾矿库进行巡查，修复可能存在的安全隐患。

# 9.2　应急机制

## 9.2.1　应急准备

1. 矿山企业建立内部应急组织机构

各矿山企业应于企业内部设立应急指挥部、应急指挥办公室，该应急组织机构为非常设机构，当应急预案启动时该组织机构成立，应急终止时该组织机构随之解散。应急指挥部设在总控室，由总经理担任总指挥，负责对整体情况进行把控与研判。应急指挥办公室下设抢险救援队、应急保障组、环境监测组、医疗救援组和善后处理组，同时设立协调员，负责协调各小组、各层级之间的沟通交流。

当尾矿库事故险情影响到库区外，威胁到下游居民生命财产安全，矿山企业内部应急组织机构应对能力不足时，应及时向地方政府部门进行报告，同时通知并组织下游居民点负责人进行紧急疏散。此时，矿山企业内部应急组织机构成员组成不变，职责由负责应急处置转变为服从指挥，配合政府组建的相关部门进行抢险救灾工作。

2. 建立以政府应急管理部门为核心的多部门联动组织结构

当矿山企业组织能力无法应对尾矿库突发事故时，市县生产安全事故应急指挥部作为政府组建的多部门联动组织结构，应当做到立即响应，承担起指挥应急救援行动的工作。市县生产安全事故应急指挥部是市应急管理局的常设机构，承担着尾矿库安全事故应对工作的规划、组织、协调、指导、检查职责。

市生产安全事故应急指挥部处置尾矿库事故的成员单位包括：市应急管理局、市气象局、市通信管理局、市公安交管局、市消防救援总队、国网电力、市委宣传部、市发展改革委、市经济和信息化局、市公安局、市民政局、市财政局、市人力社保局、市交通委、市规划自然资源委、市生态环境局、市水务局、市商务局、市卫生健康委、市国资委等。

在市生产安全事故应急指挥部的指导下，县生产安全事故应急指挥部负责具体组织开展辖区内矿山事故先期处置和一般矿山事故应急处置工作，配合市级指挥机构和相关部门做好较大及以上矿山事故应急处置工作。

市生产安全事故应急指挥部负责统筹协调各部门的应急响应行动，制定应急预案，并指导应急演练。县生产安全事故应急指挥部主要负责应急措施的实施、救援疏散、信息传递等工作。乡镇党委负责整合来自矿山企业和下游各居民点负责人的灾害预警信息传递和基层应急响应。组织架构图如图9.1所示。这种多部门、上下级联动的组织结构，通过跨部门合作和资源共享，能够有效提升应对尾矿库安全事故和灾害的能力，确保应急响应和灾害防控工作的有效性和高效性。

3. 规划以各尾矿库为中心的避灾场所与避灾路线

避灾场所是指能够暂时容纳避险群众且不会被灾害所波及的场地，在选址上力求开阔、平坦、高地、临路，以保证安全，同时方便撤离转移和运送救灾物资及重伤人员。避灾路线是受灾群众从受灾区域撤离到避灾场所最快速稳妥的一条或多条路线。在灾害发生时，安全可靠的避灾场所和能够稳妥迅速撤离的路线可以使尾矿库的下游群众及时有序地转移到临时避灾场所，最大限度地避免损失。一般来说，避灾场所以及避灾路线的规划必须要以某个尾矿库为核心进行具体分析与规划，依据尾矿坝溃坝之后的淹没风险图，来进行选址与规划。除此之外，避灾路线的制定以及避灾场所的位置和数量还要根据下游居民点的具体情况以及地形地貌、道路分布状况等来进行综合考量。

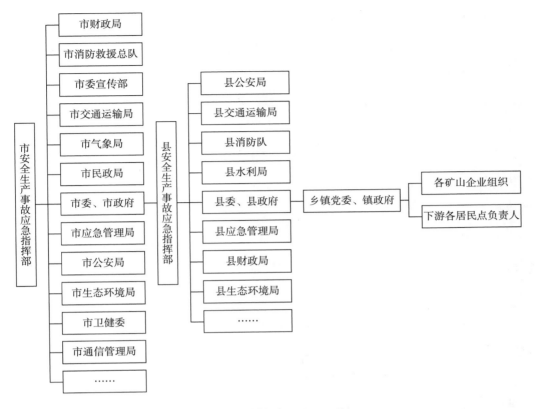

**图 9.1　多部门联动组织结构**

关于避灾场所的设置，其应当具备遮风挡雨、临时安置的基本功能，储备必要的应急救援器材、设备和生活物资，如救生衣、照明设备、热源、紧急联络设备等。要确保其在断水断电的情况下，能够维持避险人员的基本生活条件，且能够与外界进行无干扰联络。如若灾害进一步升级，应亦可满足进一步安置转移的要求。除避险场所之外，各应急管理部门还应当储备必备的基础物资用于搭建临时安置点，如帐篷、餐车、发电机、饮用水、简单医疗消毒物资等，以便临时容纳受灾人群和从避险场所转移的避险群众。

4. 制定符合地方具体情况的应急预案

应急预案是针对潜在突发事件而预先制定的应急准备工作方案，旨在最大程度减轻事件造成的危害。地方政府应当以国务院相关应急预案为基础，编制广泛的指导性应急预案，涵盖应急响应、应急处置方案与救援、善后恢复等工作的责任分配与实施主体，明确各项工作的责任方。

县级人民政府应当结合当地实际情况，制定详细的尾矿库灾害应急预案。鉴于矿山企业组织和乡镇党委对各尾矿库及周边具有更深入的了解，县级人民政府有权要求乡镇党委和矿山企业组织全力配合应急预案的编制工作，提供所有的数据信息。县级人民政府可邀请应急管理专家指导，将获得的数据信息细化到预案的每一个细节中。

编制应急预案时，政府应将重点放在人民群众的生命财产安全方面，对于尾矿库内部尾砂对周围环境影响及事后处理等此类专业性知识较强的内容，应由矿山企业安排专人编制，并嵌入总应急预案中。

应急预案的编制应当由市级人民政府牵头，邀请应急管理专家组建编制小组，主要程序包括：①组织编制小组；②开展风险评估；③开展应急资源调查；④预案编制与发布；⑤演练与修订。

应急预案应当包括的内容有：①预案基本情况，是对所指向突发事件应急管理整体工作的必要说明。②应急组织机构与职责，一般包括应急主体所应承担的责任、工作内容及相互关系。③预防准备情况，是对所指向的尚未发生（潜在）的突发事件采取的预防准备和控制措施。④基本应急程序，是针对发生不同级别突发事件的分级响应和应急处置程序。⑤应急保障，是应急处置中的人、财、物等资源保障及损失耗费承担主体。⑥恢复善后程序，包括应急行动结束后所需的恢复重建、心理救助和问责等方面。

5. 定期开展基于情景构建的应急演练活动

情景构建是结合大量历史案例研究、工程技术模拟对某类突发事件进行全景式描述（包括诱发条件、破坏强度、波及范围、复杂程度及严重后果等），并依此开展应急任务梳理和应急能力评估，从而完善应急预案、指导应急演练，最终实现应急准备能力的提升的一种方法。

尾矿库事故情景中应当至少包括对避险路线的应急演练、对避险场所保障能力的测试、对矿山企业组织以及基层组织响应速度的评估、对市生产安全事故应急指挥部以及县生产安全事故应急指挥部的人员考察等内容。对于发现当前应急管理机制以及应急预案现存问题具有重要作用。依据构建的多部门联动结构，各部门在应急演练中应切实做好自身工作，增强应急联动响应能力，号召部分人民群众参与演练，提高公众对应急救援的认识与参与度。通过公众教育和应急救援技能培训，可以增强社会整体的应急响应能力，使更多的人在紧急情况下能够自救互救。

除此之外，无论是在演练时还是真实情况下，应急救援过程都应坚持以人为本、安全第一的行动准则，始终将人民群众的生命安全放在首位，这要求消防救援队伍和其他应急救援队伍要将各种类型的尾矿库事故救援纳入针对性训练范围，提高自身的专业救援能力。

6. 打造"全民皆警"的渗透式预警体系

矿山企业作为尾矿库风险预警的第一道屏障，承担着辨识风险并及时预警的重要职责。在某些特殊情况下，如初始风险较小，从宏观尺度不易发现时，矿山企业的消息预警可能会出现预警不及时的情况，将对后续的应急疏散以及救援工作造成致命的影响。因此，政府部门应与各矿山企业合作，在尾矿库周边尤其是下游一定范围内设置分散式应急报警系统，号召下游居民"全民皆警"，所有人都可以在发现危险时第一时间进行报警，利用广大人民群众对周围环境的深入渗透来弥补风险预警方面的缺陷。同时，设置常态化应急值守、专人巡查制度，确保在险情发生的最短时间内迅速报告并逐级启动应急预案，将险情发生—发现险情—应急响应之间的间隔时间压缩到最短，从而最大限度地挽回损失。

## 9.2.2　应急响应

1. 明确尾矿库事故预警应急响应等级

根据预警对应的突发事件危害程度、影响范围、控制事态的能力以及可以调动的应急资源，突发环境事件预警分为蓝色、黄色、橙色和红色四个等级，同时将矿山企业以及政府组织的应急响应级别也分为四级，分别对应事件预警等级。预警分级、响应等级及响应措施见表 9.1。

表 9.1 预警等级对应响应等级及响应措施

| 预警级别 | 预警条件（符合以下条件之一即触发） | 响应措施 | 响应级别 |
|---|---|---|---|
| 蓝色 | 有关部门发布极端天气预警，有可能引发一般矿山事故时；<br>在国家及本市重要活动、会议或重大节日到来前，有可能发生一般矿山事故时；<br>经市生产安全事故应急指挥部办公室会商研判，其他有可能引发一般矿山事故的情形 | 相关区政府要求有关部门、专业机构、监测网点和负有信息报告职责的人员及时收集、报告有关信息，向社会公布反映矿山事故信息的渠道，加强对矿山事故发生、发展情况的监测和预警工作 | 四级 |
| 黄色 | 有关部门发布极端天气预警，有可能引发较大矿山事故时；<br>在国家及本市重要活动、会议或重大节日到来前，有可能发生较大矿山事故时；<br>经市生产安全事故应急指挥部办公室会商研判，其他有可能引发较大矿山事故的情形 | 在蓝色预警响应的基础上，市生产安全事故应急指挥部办公室会同市相关部门、相关区政府组织有关部门、专业技术人员对矿山事故信息进行分析、研判、评估，预测发生矿山事故可能性的大小、影响范围和强度以及可能发生的矿山事故级别，及时向社会发布与公众防御有关的信息 | 三级 |
| 橙色 | 有关部门发布极端天气预警，有可能引发重大矿山事故时；<br>在国家及本市重要活动、会议或重大节日到来前，有可能发生重大矿山事故时；<br>已发生重大生产安全事故，需要对矿山周边区域或社会发出预警时；<br>经市生产安全事故应急指挥部办公室会商研判，其他有可能引发重大矿山事故的情形 | 在黄色预警响应的基础上，责令事发地矿山事故应急救援队伍以及应急救援与处置指挥人员、值班人员等进入待命状态，并动员后备人员做好参加应急救援和处置工作的准备。调集应急救援所需物资、设备、工具，准备应急设施和避难场所，并确保其处于良好状态，随时可以投入正常使用 | 二级 |
| 红色 | 有关部门发布极端天气预警，有可能引发特别重大矿山事故时；<br>在国家及本市重要活动、会议或重大节日到来前，有可能发生特别重大矿山事故时；<br>已发生重特大生产安全事故，需要对矿山周边区域或社会发出预警时；<br>经市生产安全事故应急指挥部办公室会商研判，其他有可能引发特别重大矿山事故的情形 | 在橙色预警响应的基础上，及时向社会发布有关采取特定措施避免或减轻危害的建议、劝告。转移、疏散或撤离易受矿山事故危害的人员并予以妥善安置，转移重要财产。及时调用增援应急救援队伍和应急救援物资到现场 | 一级 |

**2. 事发矿山企业进行先期处置与施救**

事发单位是突发事故先期处置的责任主体。事故发生后，要立即启动本单位应急预案，先期成立现场指挥部，在确保安全的前提下，组织本单位应急救援队伍和工作人员营救受困人员，疏散、撤离、安置受到威胁的人员；控制危险源、标明危险区域、封锁危险场所、划定警戒隔离区，采取其他防止危害扩大的必要措施；杜绝盲目施救，防止事故扩大。向所在地政府及有关部门、单位报告。紧急情况下，生产现场带班人员、班组长和调度人员等有直接处置权和指挥权，在遇到险情或事故征兆时可立即下达停产撤人命令，组织现场人员及时、有序撤离到安全地点，减少人员伤亡。

**3. 构建省 – 市 – 县三级应急响应体系**

应急响应速度决定了应急措施的实施效果，尾矿库值班人员应当在发现险情的第一时间采取相应的应急处置措施，同时通报上级，在这个过程中，矿山企业的信息传递过程应当尽可能地短，切忌出现层级冗余、反复审核的情况。矿山企业进行风险初步定级、汇总情况之后，应当首先报告县应急管理局，由县应急管理局启动分级响应措施，通知下游各村集体，尽快进行避险。派遣救援人员第一时间赶到现场进行救援，同时报告市应急管理局。市应急管理局根据事态严重性报请市级政府部门决定是否启动市生产安全事故应急指挥部，并通知市级救援力量奔赴现场救援，同时联系县生产安全事故应急指挥部，获取现场的最新信息。同时，市生产安全事故应急指挥部在现有救援结构的基础上，统筹协调好每支救援队、医疗救援队伍、县市级医院、避险场所的相关工作，并指定唯一现场信息渠道，避免无用信息繁多、来源渠道冗杂引起的信息误差。

突发事件发生后，事发地党委、政府根据应急处置工作需要，设立由本级党委、政府负责同志、相关部门负责同志组成的现场指挥机构，组织、指挥、协调突发事件现场应急处置工作。现场应急救援指挥部分为工程抢险组、医疗救援组、治安保卫组、后勤保障组，通信保障组等，具体小组结构如图9.2所示。省应急管理厅主要在市级救援力量难以应对、省内应急救援力量不足时，及时协调从外地抽调救援力量补足缺口。各级应急响应组织应当根据应急响应体系分工明确，各司其职。

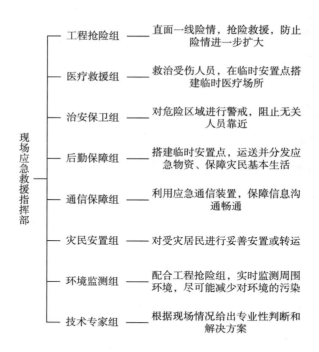

图 9.2　现场应急救援指挥部结构

4. 统筹组织协调各级救援力量

不同层级救援力量之间的人员素质、装备情况都存在差距，直接影响各级救援力量在救援过程中能够胜任的工作任务。因此，在进行应急救援力量调配时，调配人员应当对各级应急救援力量有充分的了解，以便能够合理分配救援资源，从而提高应急救援力量的整体适用性，避免出现资源浪费或能力不足等情况。

在现场救援时，各级救援力量应充分考虑居民点的具体情况，并寻找熟悉当地情况的村民协助，进行带路、辨识等关键工作，确保救援队伍对整体受灾人数能够准确地进行把控，并以此作为初步救援目标的依据。此外，救援人员在进行救援时，应及时向上级组织报告现场的实时情况，便于进行重大决策或者方案制定。利用无人机、遥感等先进技术，可从第三视角对灾害进行整体把控。

现场应急指挥部应当时刻关注应急救援力量的分配情况，并在应急救援力量不足时，及时协调从外地抽调救援力量支援，或是临时征召一些参与过应急救援培训且自身状况良好的受灾群众来进行支援，避免因救援不力而导致严重后果。

5. 集中医疗资源并进行合理分配

医疗救援是减少灾害伤亡的又一重要措施。鉴于受伤人员的症状表现不同，医疗资源的分配应基于伤者的伤势进行合理安排，以确保医疗资源的高效、充分利用。例如，轻微伤无大碍的可在现场进行简单处理，轻伤行动受限者应送县、市级医院接受进一步治疗，中重症应由市医院协调，紧急送往省级医院进行治疗。

针对受灾群众中的孕妇群体，应给予高度重视，提供相应的特殊照顾。对于临近生产期的孕妇，应立即送往医院进行休养，安排家属和专人负责照顾。此外，对于受灾群众的特殊病症人群，例如哮喘病、心力衰竭、高血压等需要间接性服药的病人，医院应事先与现场联系人进行沟通，确保在进行应急响应时携带足量的医疗物资，或是将此类人群视为无行为能力者，进行整体转移，以减小现场工作人员的压力。现场受灾人员分类及相应的处理措施如图9.3所示。

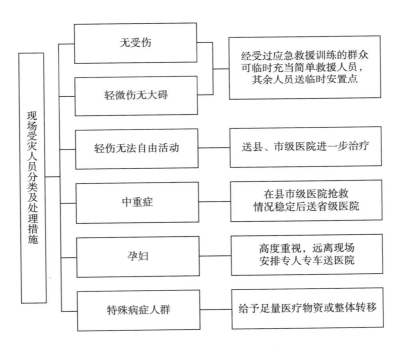

**图9.3　现场受灾人员分类及处理措施**

6. 搭建不同层级的高效信息传递网络

不同层级之间的信息传递速度与质量对于应急决策、资源调配、应急救援意义重大。鉴于灾害发生时可能引起受灾区域的信号中断，为确保紧急情况下的信息传递质量与速度，建议在各级应急指挥中心的固定场所配备一定数量的应急通信设备（卫星电话、长波对讲机等），同时派专人负责日常维护与保养，确保其在紧急情况下的可靠性。

在救援过程中，市生产安全事故应急指挥部应当指定下一级的唯一联络人，建立专人负责制，以确保信息汇总的质量与信息传递的唯一性。县生产安全事故应急指挥部在进行信息传递时，应对所有信息进行初步分类与定级，将所有汇总后的信息划定为常规信息与特殊信息。常规信息包括目前已救援人数、剩余人数、送医人数、险情状况等；特殊信息包括涉及重大事项的决定、影响较大的行动，或者特殊地区、位置的救援方案等。

市生产安全事故应急指挥部对所有的信息进行汇总分析之后，应迅速上报省级应急管理部门，以便快速进行应急决策与方案制定，并在做出决策的第一时间反馈给县生产安全事故应急指挥部进行方案实施。

7. 建立满足应急需求的临时安置点

临时安置点通常仅用于短暂地容纳未直接遭受灾害影响的群众，待灾害状况稳定后，群众需要被转移至其他安置点进行进一步安置。临时安置点的设计应当满足受灾群众的基本生活条件，且必须稳定可靠，不易被灾害再次波及。县生产安全事故应急指挥部应在启动后的第一时间进行应急响应，派遣指定的保障小组在既定的地点搭建起临时安置点的帐篷，同时餐车，医疗车进场，满足受灾群众的基础生活。此外，考虑到受灾群众的心理状况，临时安置点也应设置相应的心理抚慰点，配备常驻心理医生，负责对受灾群众的心理进行调节抚慰，避免恐慌情绪蔓延。

## 9.2.3 善后恢复

1. 应急终止，各级应急救援力量进行工作总结并善后处理

县级以上政府及环保局等部门根据应急事故的处理，建议符合以下条件之一的，即满足应急终止条件，由地方政府及其环保部门等确认后可以终止应急，由县生产安全事故应急指挥部向各工作组下达应急终止命令。应急终止条件如下：

（1）事故现场得到控制，事故威胁已经消除。

（2）污染源的泄漏或释放已降至规定限值以内。

（3）事故所造成的危害已经被彻底消除，无继发可能。

（4）事故现场的各种专业应急处置行动已无继续的必要。

（5）采取了必要的防护措施，保护公众免受再次危害，并使事件可能引起的中长期影响趋于合理乃至尽可能低的水平。

应急终止后，各级救援力量即可撤出受灾区域。撤出前应认真核实本单位参与应急救援的人员数量并清点所用到的应急装备和器材，核算救援过程中所产生的费用总额。

在应急管理部门的组织下，各救援队进行救援工作总结，总结救援过程中存在的不足与可以改进的地方，用以警示学习。同时地方政府应组织部分人员对事故现场的废墟进行清理工作、对电力、水路等必要生活设施进行抢修抢险工作，加快人民群众生活环境恢复重建的速度，尽快恢复正常的社会秩序和生活条件。

对于参与救援的非编队人员以及省外救援力量，地方政府应给予充分的物质与精神感谢，感谢他们在救援中做出的巨大贡献。特别是在救援过程中受伤甚至牺牲的救援人员，应给予英雄表彰，追授荣誉称号，并对其家属进行妥善安置与补偿。

2. 成立评估小组，核实并评估灾区受损状况

针对灾区整体的受损状况核实和评估，应急管理部门应当从参与整体应急响应过程的各部门中均抽调部分参与应急响应全过程的人员，组成灾后区域状态评估小组，包括矿山企业组织的专业人员，针对尾矿库工程损毁情况、下游居民点受损情况、沿线被事故所影响的设备和设施、尾砂外泄对环境的影响等进行评估处理，核实本次事故的总经济损失和影响人员以及影响程度，并形成书面报告，上报省级应急管理部门进行备案。

3. 根据评估结果制订重建、恢复计划

基于灾后区域状态评估小组的评估结果，针对灾区人员实际情况，制定细化的重建与恢复计划，计划应包括对不适宜居住区域居民的搬迁工作安排、对被尾砂影响的区域生态环境的恢复工作、对被毁坏的基础设施（桥梁、公路等）的维修和重建等。

在执行不适宜居住区域居民的搬迁工作时，应充分考虑到居民的心理情绪状况，对于不愿意离开家乡的居民，给予充分理解，通过理性的解释和情感沟通，尽力将其转移到适合居住的区域，最大限度地减少留存人员。

此外，政府应利用具有地方特色的结对帮扶政策、税收减免政策、优惠信贷政策等措施，改善受灾区域的经济发展和生活生产环境，促进灾区重建与恢复工作。

4. 对受灾群众进行适当的心理疏导，避免悲观情绪蔓延

经历了家园被毁、亲人离世，受灾群众心理状况是需要重点关注的方面。他们可能会经历极度的悲伤、焦虑、恐惧和无助，这些心理问题如果不及时处理，可能会导致长期的心理创伤甚至心理疾病。因此，对受灾群众进行适当的心理疏导至关重要。

（1）应建立专门的心理援助团队，由专业的心理咨询师和志愿者组成，深入灾区为受灾群众提供心理支持和咨询服务。这些心理援助人员应接受专业的培训，了解如何处理灾难后的心理创伤，并能够提供有效的情绪管理和压力缓解方法。

（2）应开展心理健康教育活动，通过讲座、宣传册、广播等多种形式，向受灾群众普及心理健康知识，帮助他们了解和认识自己的情绪变化，学会自我调节和应对心理压力的方法。

（3）应鼓励受灾群众参与社区重建和志愿服务活动，通过参与社会活动和帮助他人，可以增强他们的社会支持感和自我价值感，有助于缓解心理压力和悲伤情绪。

（4）对于那些遭受严重心理创伤的受灾群众，应提供长期的心理治疗和跟踪服务，确保他们能够得到持续的关注和帮助，逐步走出心理阴影，恢复正常的生活状态。通过这些综合措施，可以有效地帮助受灾群众缓解心理压力，避免悲观情绪的蔓延，促进他们的心理康复和社会适应。

5. 要求矿山企业认真分析事故原因并吸取教训

发生事故的尾矿库所属矿山企业应当对事故原因进行认真分析，建立一个由高级管理人员、技术专家和一线员工组成的专项事故分析小组，负责全面调查事故原因。这个小组需要收集和分析所有相关数据，包括尾矿库的设计、建设、运行和维护记录，以及事故发生时的天气、地质和水文条件。通过这些详细的数据分析，可以找出事故的直接原因和潜在的系统性问题。

企业应组织全体员工参与事故总结会议，让每个人都有机会分享自己的观察和经验。这种全员参与的方式不仅有助于收集更多关于事故的信息，还可以增强员工

的安全意识和责任感。在会议中，应鼓励员工提出改进建议，并讨论如何在日常工作中更好地预防类似事故的发生。

企业还应审查和更新其应急响应计划，确保在未来发生紧急情况时能够迅速有效地采取行动。这包括定期进行应急演练，提高员工对紧急情况的应对能力，以及确保所有员工都熟悉应急预案和逃生路线。

事故防范的关键在于规范操作，不给事故发生留有任何机会，为此企业需要制定更加严格的安全标准和操作规程，加强对尾矿库的监测和管理，使用先进的技术和设备来实时监控尾矿库的状态，以及定期进行安全检查和维护工作。同时，应加强对员工的安全培训，确保他们了解最新的安全规程和操作技术。通过这些措施，矿山企业可以从事故中吸取教训，并采取有效的预防措施，以确保未来能够避免类似事故的发生，保障员工和周边居民的生命财产安全。

6. 政府部门召开新闻发布会，总结公布事故详情报告

尾矿库灾难过后，政府应及时召开新闻发布会向社会公众和媒体公开事故的相关信息，包括事故原因、影响、波及范围、应急响应情况等，此项举措有助于增加透明度，减少公众的猜测和恐慌，维护社会稳定团结，保证政府公信力。

在面向公众的新闻发布会上，政府应当对事故的法律责任和赔偿问题进行说明，确保所有受到尾矿库事故影响的人员或组织都得到公正的对待，并明确未来如何进行监管和法律责任划分。对于受到灾害波及的人民群众，政府应承诺为受灾群众提供必要的援助和支持，包括经济补偿、心理疏导、医疗救助和生活安置等。确保受灾群众的基本生活需求得到满足，帮助他们尽快恢复正常生产生活。

7. 矿山责任方对损失进行物质补偿与安置

矿山企业应对所有受到事故影响的受灾人员组织和设施进行相应的物质赔偿与妥善安置，包括对应急救援时征用的物资机械等进行补偿。对于因事故而失去家园或生计的受灾群众，矿山责任方应提供必要的经济援助和生活安置，确保尽快恢复正常生活。矿山责任方还应承担起社会责任，对受影响地区的生态环境进行修复和补偿，包括清理污染、恢复植被、修复受损的自然景观等，以减少事故对环境的影响，促进生态系统的恢复。

## 9.2.4　应急保障

### 1. 应急物资储备与运输保障

应急物资储备对于应急救援、应急响应、应急措施的实施等具有至关重要的意义，在紧急情况下，只有充实、全面的物资储备才能够保障一线的应急救援和应急处置。国家相关法律法规明确规定，要建立健全应急物资储备制度，完善重要应急物资的监管、生产、储备、调拨和紧急配送体系。因此，县生产安全事故应急指挥部的后勤保障组应下设采购部门、运输保障部门和应急物资调度中心，采购部门与有生产能力与条件的企业签订供货协议，企业应根据协议按时保质保量完成交付。运输保障部门负责应急物资的运输工作，应急物资调度中心主要负责应急物资的分类、加工、包装等。

应急物资的存储应当由专门地点进行存放，且存放地应当具备安全可靠、遮风挡雨、方便运输的特点，便于紧急情况下的物资调配与运输。对于应急物资储备细节，在物资入库时应进行有效期登记，并定期组织人员对已储备应急物资进行盘点，建立物资动态更新制度，及时掌握应急物资储备库的实时库存情况，便于总应急救援指挥中心对物资调配做出合理安排。关于物资运输的效率问题，地方政府应在物资储备点确认之后，组织专人专车进行物资储备点与临时安置点和避险场所之间的路线推演，推算出行程最短时间，以节省应急物资的运输时间。

### 2. 受伤群众与救援人员的运输保障

在临时安置点的医疗条件无法满足某些伤员的病情需要时，医疗救援组应安排专人专车对其进行转运，重伤人员的转运过程应当进行全程监控，同时要求交警部门进行配合，确保其在最佳治疗时间内抵达医院。在紧急情况下，救援车辆应享有优先通行权。这需要交通管理部门与应急救援部门之间建立有效的协调机制，确保救援车辆能够迅速通过拥堵路段或交通管制区域。

在日常应急演练中，医疗救援组应充分了解和熟悉转运路线，为受伤人员的转运过程提供额外保障。在道路被毁，地面交通方式瘫痪的情况下，应当启用医疗直升机进行快速转运，大幅缩短重伤员抵达医院的时间，提高生存率。

有条件的地方政府应急管理部门可尝试建立集中的信息共享平台，用于实时更新道路状况、医院接收能力、伤员情况等关键信息。这有助于总应急救援指挥中心做出快速决策，合理调配救援资源。

除了运送伤员，一线救援人员的运送也同样重要，在本地救援力量不足时，总应急救援指挥中心抽调的外省救援力量应当在交警部门以及跨省多部门的配合下，快速安全地到达一线，并尽快投入救援，这个过程需要依靠跨省多部门的联合协同机制来实现。

3. 应急救援过程中的设备、人员保障

在应急救援的全过程中应当给予救援人员充分的人文关怀，提倡科学救援，以避免不必要的伤亡。在鼓励救援人员英勇行为和确保他们自身安全之间找到平衡，即建立在确保救援人员的安全和后方提供充分支持的基础上。

在强度较大的救援行动中，应当适时对救援人员进行轮换操作，避免长时间单人工作等极端情况出现，保护救援人员。现场指挥应当根据个人的技术水平和专业技能分配相应的救援任务。

同时对于救援过程中可能用到的小型设备（液压破拆设备、切割设备、灭菌消毒设备、各式防护设备、发电机、抽水机、对讲机、AED 设备等）和大型机械（冲锋舟、起重机、叉车、吊车等），都应定期进行日常养护与测试，确保其在紧急情况下的稳定性与可靠性，避免在救援人员使用时出现故障。

4. 救援过程以及临时安置点的工作、生活能源保障

临时安置点作为临时容纳大量受灾群众的场所，其能源供应尤为重要，包括水、电、热源供应等。饮用水方面建议采用瓶装水为宜，干净卫生的同时方便运输。在灾害背景下，部分输电线路可能被破坏，因此在搭建临时安置点时应尽量寻找可用的可靠电力来源，将发电机作为备用电源，同时备足其所需要的燃油物资，以确保在断电情况下临时安置点的用电需求能够得到满足。

除了发电机需要用到燃油，救援过程中可能用到的抽水机、冲锋舟、起重机等重机械等同样需要大量的燃油物资作为补给。因此，应协调组织好能源补给，鉴于燃油需求量较大，与加油站签订紧急情况下的燃油补给协议可作为保障紧急情况下燃油需求的一道有效措施。进行应急响应时，加油站的燃油车应跟随救援车辆一

同响应，前往灾区进行现场补给。但是由于燃油车自身的易燃易爆性质，因此其最好停靠在距离临时安置点较远的地方，便于救援车辆、机械、发电机使用即可。

在寒冷天气，热源同样是不可或缺的后勤保障项目，在进行应急物资储备时应充分考虑到热源的便捷性与实用性，如暖贴、火种、热风机、棉被或者羽绒服等，可为处在寒冷天气下的受灾群众提供热量来源。

5. 信息高效、精准传递过程中的通信保障

搭建高效信息传递网络需要有稳定的通信技术作为基础保障，目前应用较广泛的有应急救援通信保障车、卫星电话、对讲机、通信无人机等。其中卫星电话和对讲机等设备由于专业性较强，不适合进行大范围推广使用。而通信保障车和通信无人机等适用于对大范围内的信号通信进行保障，适用范围较广。

应急救援前突通信保障车作为一种快速响应、高效部署的通信保障装备，在应急救援领域发挥着越来越重要的作用。受灾害、天气等多种因素影响，通信设施往往容易遭受破坏，导致信息传递过程受阻，严重影响应急救援指挥行动的开展。前突通信保障车在应对突发事件时，能够快速响应、高效部署、实用可靠，为救援队伍提供可靠的通信保障。

除应急通信保障车之外，固定翼通信保障无人机（翼龙无人机）等先进"空天地"应急通信保障方案应用越来越广。通过将无人机系统与蜂窝网络技术融合，操作员能够通过卫星通信远程操控无人机飞抵并悬停在尾矿库灾害区域上空。无人机配备的定向天线能够为受影响区域提供临时性的蜂窝网络覆盖，覆盖面积可超过 $50km^2$，原理如图 9.4 所示，可为不同层级之间的高效信息传递网络提供可靠的信息传输渠道，包括灾民与外界联系的日常通信。例如在 2023 年 12 月甘肃省临夏州积石山县 6.2 级地震救援行动中，翼龙 – 2H 无人机搭载侦察和通信载荷，执行灾情侦察和通信中继任务，为灾区应急救援行动提供了强有力的通信保障。

通信保障组应具备独立使用、架设应急通信设施（应急通信保障车、通信无人机）的能力，在紧急状况下，能做到快速响应，保障特殊状况下通信过程的安全性、可靠性。

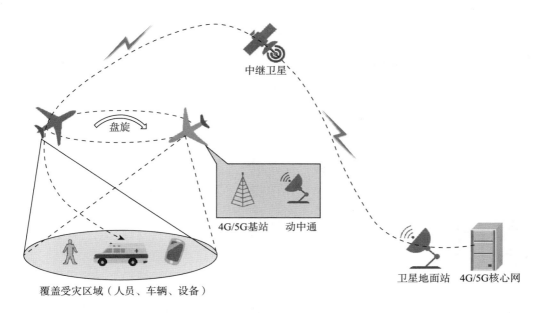

中继卫星

盘旋

4G/5G基站　动中通

卫星地面站　4G/5G核心网

覆盖受灾区域（人员、车辆、设备）

**图9.4　固定翼通信无人机工作原理**

## 9.2.5　常见尾矿库事故应急措施

1. 尾矿库溃坝事故处置措施

由矿山救援队伍实施救援，疏散下游群众，明确警戒范围并派人值守，非救援人员不得进入警戒范围。根据救援时的气象特征，溃坝的位置、深度、库内水位等实际情况，以及救援物资的准备到位情况，研究具体救援方案。

在保证救援人员安全的前提下，可用沙袋、树枝等材料实施溃坝口的封堵，也可在下游修建临时围堰和净水坝，以拦截和控制下泄的尾矿渣，防止其对环境造成进一步污染；采取防水减压措施，防止尾矿库内溃流的尾矿渣再次下泄；将天然清水河道与污染源彻底分离；开辟截留处理场，开挖事故处理池，严密控制溃流污染物。

2. 尾矿库漫顶事故处置措施

尾矿坝多为散粒结构，如果洪水漫顶就会迅速冲出决口，造成溃坝事故，当排水设施已全部使用水位仍继续上升，根据水情预报可能出现险情时，应抢筑子堤，增加挡水高度。在堤顶不宽、土质较差的情况下，可用土袋抢筑子堤。在铺第一层土袋前，要清理堤坝顶的杂物并耙松表土。用草袋、编织袋、麻袋或蒲包等装土七成左右，将袋口缝紧，铺于子堤的迎水面。铺砌时，袋口应向背水侧互相搭接，用脚踩实，要求上下层袋缝必须错开。待铺叠至预计水位以上，再在土袋背水面填土夯实。

当出现超过设计标准的特大洪水时，企业应该在抢筑子堤的同时，报请上级批准，采取非常措施加强排洪，降低库水位。如选定单薄山脊或基岩较好的副坝炸出缺口排洪，打开排水井正常水位以下的多层窗口加大排水能力（该措施可能会排出库内部分悬浮矿泥），以确保主坝体的安全。严禁任意在主坝坝顶上开沟泄洪。

3. 尾矿库渗流事故处置措施

尾矿库发生渗流事故时，处理尾矿坝渗流泄漏的原则是"内截、外排"。内截就是在坝上的上游封堵渗流入口，截断渗漏途径，防止渗入；外排就是在坝的下游采用导渗和滤水措施，使渗水在不带走土颗粒的前提下，迅速安全地排出，以达到渗流稳定。

4. 尾矿库失稳事故处置措施

对于滑坡体上部已松动的土体，应彻底挖出，然后按坝坡线分层回填夯实，并做好护坡。坝体有软弱夹层或抗剪强度较低且背水坡较陡而造成的滑坡，首先应降低库水位，如清除夹层有困难时，则以放缓坝坡为主，辅以在坝脚排水压重的方法处理。地基存在淤泥层、湿陷性黄土层或液化等不良地质条件，施工时又没有清除或清除不彻底而引起的滑坡，处理的重点是清除不良的地质条件，并进行固脚防滑。因排水设施堵塞而引起的背水坡滑坡，处理的重点是恢复排水设施功能，筑压重台固定坡脚。

处理滑坡开挖回填应符合上部减载，下部压重的原则。开挖回填工作应分段进行，并保持允许的开挖边坡。开挖中，对于松土与稀泥都必须彻底清除。填土应严格掌握施工质量、涂料的含水量和干重度，必须符合设计要求，新旧土体的结合面应刨毛，以利于结合。对于水中填土坝，在处理滑坡阶段进行填土时，最好不要采用碾压施工的方法，以免因原坝体固结沉陷而开裂。滑坡主裂缝，一般不宜采用灌浆方法处理。

# 9.3　本章小结

本章基于第 5 章尾矿库事故贝叶斯网络模型的分析结果，针对尾矿库事故敏感因素和关键事故演化路径提出针对性的防控对策，主要是加强排洪系统日常维护、实施水位监测预警、优化尾矿排放方式、建设安全教育体系、强化全员安全意识等方面。提出了尾矿库灾害事故的应急机制，包括应急准备、应急响应、善后恢复、应急保障等四个方面，针对常见的尾矿库事故类型，归纳总结出相应的应对措施。为尾矿库灾害防控提供理论借鉴。

# 第 *10* 章

---

# 结论与展望

## 10.1　研 究 结 论

　　本书以收集到的尾矿库事故信息为起点，以高效识别非结构化和非标准化信息中的尾矿事故事故致因和事故演化路径为目的。通过运用文本挖掘技术，实现尾矿库事故风险致因的有效识别；采用关联规则，辨识致因因素间的关联结构；并在此基础上，构建尾矿库事故贝叶斯网络模型，以探究事故的敏感因素和演化路径，最终提出相关的风险管控对策。本研究的主要结论如下：

　　（1）对 1960—2022 年尾矿库事故信息进行了统计与数据分析。尾矿库事故在 1990 年前多发生于发达国家，随着发展中国家经济的发展，从 20 世纪 90 年代起逐渐转向发展中国家；根据矿石品类统计尾矿事故，发现尾矿库事故多发生于金矿和铜矿尾矿库中；尾矿库事故多发生于中小型尾矿库，76.6% 事故发生在 30m 及 30m 以下尾矿库，采用上游法建造的尾矿库事故概率高达 71.6%。因此，要加强对中小型尾矿库和上游法建造尾矿库的安全管理。

　　（2）尾矿库事故信息是分析尾矿库事故成因、分析事故发生机理的重要数据来源，但受限于表达方式差异所带来的高度非结构化、非标准化特点，本书运用文本挖掘技术对风险致因进行有效挖掘。通过构建专用词词典、停用词词典和同义词词典对文本进行分词，实现了从尾矿库事故信息中挖掘导致尾矿库事故频发的 45 个事故致因，并绘制词云图；根据风险因素属性将其归纳为人员因素、物的因素、环境因素、管理因素四大类变量。

（3）选取 Apriori 算法实现尾矿库事故致因因素关联规则挖掘，通过设置最小支持度、最小置信度和提升度，共挖掘 172 条强关联规则，并运用 Gephi 软件绘制出致因因素的关联关系，将关联规则可视化。结果表明，与溃坝相关的致因最多，库水位高、降雨、排洪设施损坏节点也较大，说明当发生降雨或库水位高时，尾矿库安全管理人员应提高警惕，谨防事故发生。

（4）依据尾矿库事故事故致因因素和强关联规则，并结合事故信息，确定了贝叶斯网络的节点和网络结构，运用 GeNIe 4.0 Academic 软件通过事故数据库信息进行参数学习，构建尾矿库事故致因贝叶斯网络模型，识别出尾矿库事故致因网络结构的敏感性因素有排洪系统受损、坝体稳定性差、库水位高、坝体破裂、干滩长度不足、施工质量，并得出 4 条关键事故演化路径"安全管理不到位→违章作业→超量或超速排放尾矿→干滩长度不足→坝体稳定性差→尾矿库事故""安全管理不到位→违反设计或规范施工→施工质量差→排洪系统受损→尾矿库事故""降雨→排洪设施能力不足→库水位高→尾矿库事故""地震→坝体液化→坝体破裂→尾矿库事故"。最后，根据尾矿库事故的敏感因素和关键演化路径共提出 11 条防控对策。

（5）从系统视角构建更丰富的尾矿坝变形预测指标体系。传统指标体系更多考虑内部单一因素的影响，以此构建预测模型，其忽视了环境变化对尾矿坝变形的影响。本书从系统角度出发，构建了结合系统内部与环境因素尾矿坝变形预测指标体系。考虑了尾矿坝系统面临的复杂变化环境，为预测模型提供了更丰富的输入数据，可间接增加预测模型的鲁棒性与准确性。

（6）使用麻雀搜索算法（SSA）优化 LSTM 神经网络，提高了模型预测精度。融合随机森林（RF）和经 SSA 优化 LSTM 在尾矿坝变形预测中的应用。用麻雀搜索算法（SSA）优化长短期记忆（LSTM）。针对 LSTM 神经网络不同超参数下性能存在较大差异，引入 SSA 算法优化 LSTM 神经网络的参数值。经 SSA 优化后的 LSTM 神经网络，更大程度提升了模型的性能与泛化能力。通过与尾矿坝变形准确性进行对比，发现经 SSA 优化的 LSTM 比单一的 LSTM 具有更高性能。将 RF – SSA – LSTM 组合预测模型运用于尾矿坝变形预测工程领域，为变形预测提供了一个新的思路。

# 10.2　研究展望

尾矿库是一个复杂的系统，事故的发生往往由多种因素耦合而成，本书针对尾矿库事故致因、预测模型机应急防控策略等进行了研究，但不可避免地依旧存在一些局限性，还需深入研究，主要包括以下内容。

（1）本书以尾矿库事故信息为数据来源，在收集尾矿库事故信息的过程中，深感信息获取之难。部分尾矿库事故发生久远或事故后果不严重，事故信息难以收集或记录不详导致人为剔除；部分尾矿库事故采取隐瞒；国外事故难以收集，导致事故信息收集不全。因此，还需进一步完善尾矿库事故数据库。

（2）尾矿库事故是多种因素耦合发生的，尾矿库安全风险源所处状态具有时空动态变化性，本书在构建尾矿库安全风险致因因素贝叶斯网络时未考虑到时间、空间等因素对风险状态变量的影响。未来可采用机器学习、深度学习等人工智能技术，基于尾矿库现场监控数据，建立动态贝叶斯网络模型，实现尾矿库事故动态贝叶斯网络风险致因的精准识别和结合时间、空间的事故演化路径判识。

（3）细化分解监测数据的频域、频谱、趋势及周期。针对尾矿坝不同安全监测数据非平稳的特性，可对收集的大量监测数据进行分解。利用分解算法将数据分解为不同的周期项，确定不同变化趋势下影响变形的重点因素，并对分解出的变形时间序列数据以重点影响因素进行单独预测，最后合成每段周期变形预测结果，以期达到更好的预测效果。加强挖掘尾矿坝变形数据的特征，进一步充分考虑不同监测数据的空间相关性，深入解析不同影响监测因素的隐含关系，对数据的预处理可以进一步完善，构建不同数据间的影响权重及正向影响关系。

（4）模型的结构和超参数的学习速率较慢，本书采用了 SSA 算法进行参数优化，计算速度较慢，但是在面对数据众多的情况下，考虑将一些鲸鱼、万有引力等优化算法加入模型中，可多种优选参数最优值与最优的模型结构。麻雀搜索算法的计算方式可能会存在陷入局部最优的问题，可考虑增加更多的动物启发式算法进行优化，例如遗传算法、粒子群算法等，集合多种优化算法结果进行准确性比对，验证其优化效果。

# 参考文献

［1］Lyu Z，Chai J，Xu Z，et al. A comprehensive review on reasons for tailings dam failures based on case history ［J］. Advances in Civil Engineering，2019：4159306.

［2］张岳安，邓书申. 尾矿库内外联合合并防洪安全研究 ［J］. 科学技术与工程，2014，14（18）：188 – 193.

［3］张家荣，刘建林. 中国尾矿库溃坝与泄露事故统计及成因分析 ［J］. 中国钼业，2019，43（04）：10 – 14.

［4］Lemphers N. Could the Hungarian tailings dam tragedy happen in Alberta？ ［EB/OL］. （2010 – 10 – 12）［2010 – 10 – 12］. https：//www. pembina. org/blog/could – hungarian – tailings – dam – tragedy – happen – alberta.

［5］北斗智慧云. 精读! 尾矿库在线安全监测的必要性及解决方案 ［EB/OL］. （2022 – 12 – 16）［2022 – 12 – 16］. https：//baijiahao. baidu. com/s? id = 1752331864910790444.

［6］郑欣，秦华礼，许开立. 导致尾矿坝溃坝的因素分析 ［J］. 中国安全生产科学技术，2008（01）：51 – 54.

［7］杨丽红，李全明，程五一，等. 国内外尾矿坝事故主要危险因素的分析研究 ［J］. 中国安全生产科学技术，2008（05）：28 – 31.

［8］范庆京，王爽. 事故树分析法在露天尾矿库安全管理中的应用 ［J］. 现代矿业，2016，32（03）：259 – 261.

［9］张家荣，刘建林. 尾矿库溃坝及尾矿泄漏事故树安全评价与预防 ［J］. 环境工程技术学报，2019，9（02）：201 – 206.

［10］吴宗之，梅国栋. 尾矿库事故统计分析及溃坝成因研究 ［J］. 中国安全科学学报，2014，24（09）：70 – 76.

［11］肖容，袁利伟，邢志华，等. 基于模糊 DEMATEL – ISM 模型的尾矿库事故影响因素研究 ［J］.

化工矿物与加工，2023，52（05）：74－80.

[12] 赵怡晴，唐良勇，李仲学，等. 基于过程——致因网格法的尾矿库事故隐患识别［J］. 中国安全生产科学技术，2013，9（04）：91－98.

[13] Salgueiro A R, Pereira H G, Rico M T, et al. Application of correspondence analysis in the assessment of mine tailings dam breakage risk in the Mediterranean region［J］. Risk Analysis：An International Journal，2008，28（1）：13－23.

[14] Tunar Özcan N, Ulusay R, Işık N S. A study on geotechnical characterization and stability of downstream slope of a tailings dam to improve its storage capacity（Turkey）［J］. Environmental Earth Sciences，2013，69：1871－1890.

[15] 王英博，李仲学. 基于 AHP 的矿山尾矿库安全评价［J］. 辽宁工程技术大学学报（自然科学版），2011，30（01）：21－24.

[16] 石勇，史秀志，丁文智. 基于改进熵权法——未确知测度模型的黄金洞尾矿库综合安全评价［J］. 黄金科学技术，2021，29（01）：155－163.

[17] 柯丽华，张莹，李全明，等. 基于 EAHP 的尾矿库溃坝风险多级模糊综合评价研究［J］. 金属矿山，2020（11）：37－43.

[18] 谭星宇，谢贤平，唐绍辉. 基于灰色关联度与集对分析的尾矿库溃坝风险评价［J］. 黄金，2014，35（09）：70－73.

[19] Xin Z, Xiaohu X, Kaili X. Study on the risk assessment of the tailings dam break［J］. Procedia Engineering，2011，26：2261－2269.

[20] 柯丽华，张莹，李全明，等. 基于 Spearman－EAHP 变权灰云聚类模型的尾矿库安全评价［J］. 矿冶工程，2022，42（01）：5－9.

[21] 黄德镛，刘孙政，高聪，等. 基于组合赋权－云模型的尾矿库风险评价方法研究［J］. 有色金属工程，2023，13（01）：127－135.

[22] 姜洲，黄艳华，吴贤国，等. 基于云模型和 D－S 证据理论的尾矿库失稳溃坝警情评价模型及应用［J］. 水电能源科学，2016，34（10）：47－51.

[23] Dai X, Wu X, Hong Y, et al. Safety and stability evaluation of the uranium tailings impoundment dam：Based on the improved AHP－cloud model［J］. Journal of Radiation Research and Applied Sciences，2022，15（1）：21－31.

[24] 陈虎，叶义成，王其虎，等. 基于 ISM 和因素频次法的尾矿库溃坝风险分级［J］. 中国安全科学学报，2018，28（12）：150－157.

[25] 阳雨平，黄丕森，陈国国. 基于改进 FIM－未确知测度的尾矿库风险评价模型及应用［J］. 安

全与环境学报，2021，21（03）：996－1004.

［26］崔旭阳，胡南燕，叶义成，等. 降雨影响下的动态加权贝叶斯尾矿库溃坝风险评估［J］. 中国矿业，2022，31（06）：93－100.

［27］戴剑勇，王雯雯，黄晓庆. 基于网络云模型的尾矿库溃坝安全评估［J］. 安全与环境学报，2022，22（01）：1－7.

［28］Li S，Yuan L，Yang H，et al. Tailings dam safety monitoring and early warning based on spatial evolution process of mud－sand flow［J］. Safety Science，2020，124：104579.

［29］Zheng B，Wang J，Feng T，et al. Risk evolution study of tailings dam failures disaster based on DEMATEL－MISM［J］. Frontiers in Earth Science，2022：924.

［30］陈聪聪，赵怡晴，姜琳婧，等. 基于文本挖掘的尾矿库隐患因素关联分析［J］. 矿业研究与开发，2021，41（11）：26－33.

［31］张媛媛，杨凯. 尾矿库生命周期溃坝风险演化研究［J］. 中国安全科学学报，2017，27（07）：1－6.

［32］赵怡晴，覃璇，李仲学，等. 尾矿库隐患及风险演化系统动力学模拟与仿真［J］. 北京科技大学学报，2014，36（09）：1158－1165.

［33］覃璇，李仲学，赵怡晴. 尾矿库风险演化复杂网络模型及关键隐患分析［J］. 系统工程理论与实践，2017，37（06）：1648－1653.

［34］甄智鑫. 基于复杂网络的尾矿库事故隐患演化规律及风险表征［D］. 北京：北京科技大学，2022.

［35］Gupta V，Lehal G S. A survey of text mining techniques and applications［J］. Journal of Emerging Technologies in Web Intelligence，2009，1（1）：60－76.

［36］Feldman，Ronen，and Ido Dagan. Knowledge discovery in textual database（KDT）［C］. Proceedings of the first ACM SIGKDD International Conference on Knowledge Discovery and Data Mining. 1995：112－117.

［37］Sakurai S，Suyama A. An e－mail analysis method based on text mining techniques［J］. Applied Soft Computing，2005，6（1）：62－71.

［38］Hung C，Chi Y，Chen T. An attentive self－organizing neural model for text mining［J］. Expert Systems with Applications，2009，36（3，Part 2）：7064－7071.

［39］Marchi V，Marasco A，Apicerni V. Sustainability communication of tourism cities：A text mining approach［J］. Cities，2023，143：104590.

［40］李敏，项朝辉. 后疫情时代网络舆情情感分析和主题识别［J］. 电脑知识与技术，2024，20

（02）：9 – 12.

[41] 刘桂海，崔福龙，卢彩菡，等. 公众对假房源的关注点和态度：基于微博评论的文本挖掘研究 [J]. 管理评论，2023，35（11）：153 – 165.

[42] Chiu M, Lin K. Utilizing text mining and Kansei Engineering to support data – driven design automation at conceptual design stage [J]. Advanced Engineering Informatics, 2018, 38：826 – 839.

[43] Lupi F, Mabkhot M M, Boffa E, et al. Automatic definition of engineer archetypes：A text mining approach [J]. Computers in Industry, 2023, 152：103996.

[44] Liu B, Stevens J, Beverungen G, et al. Applying computer text mining algorithms for oversampling tumor mutation status in medical records for the NCI Patterns of Care studies [J]. International Journal of Medical Informatics, 2023, 177：105157.

[45] Chintalapudi N, Battineni G, Canio M D, et al. Text mining with sentiment analysis on seafarers' medical documents [J]. International Journal of Information Management Data Insights, 2021, 1 (1)：100005.

[46] 杨炼卿，许铭，马成龙，等. 多词共现分析方法在暴雨 – 地质灾害应急任务研究中的应用 [J]. 灾害学：1 – 7.

[47] Raviv G, Fishbain B, Shapira A. Analyzing risk factors in crane – related near – miss and accident reports [J]. Safety Science, 2017, 91：192 – 205.

[48] Zhong B, Pan X, Love P E D, et al. Hazard analysis：A deep learning and text mining framework for accident prevention [J]. Advanced Engineering Informatics, 2020, 46：101152.

[49] 岑康，魏源，黎登辉，等. 基于数理统计和文本挖掘的埋地钢制燃气管道失效分析 [J]. 安全与环境学报：1 – 10.

[50] 吴彴，江福才，姚厚杰，等. 基于文本挖掘的内河船舶碰撞事故致因因素分析与风险预测 [J]. 交通信息与安全，2018，36（03）：8 – 18.

[51] 李解，王建平，许娜，等. 基于文本挖掘的地铁施工安全风险事故致险因素分析 [J]. 隧道建设，2017，37（02）：160 – 166.

[52] Liu C, Yang S. Using text mining to establish knowledge graph from accident/incident reports in risk assessment [J]. Expert Systems with Applications, 2022, 207：117991.

[53] Xu N, Ma L, Liu Q, et al. An improved text mining approach to extract safety risk factors from construction accident reports [J]. Safety Science, 2021, 138：105216.

[54] 郑彬彬，冯婷婷，王佳贺，等. 基于文本挖掘的城镇燃气事故致因及关联分析 [J]. 中国安全科学学报，2023，33（07）：190 – 195.

［55］ Qiu Z, Liu Q, Li X, et al. Construction and analysis of a coal mine accident causation network based on text mining ［J］. Process Safety and Environmental Protection, 2021, 153: 320 − 328.

［56］ Tingjiang T, Enyuan W, Ke Z, et al. Research on assisting coal mine hazard investigation for accident prevention through text mining and deep learning ［J］. Resources Policy, 2023, 85: 103802.

［57］ Li S, You M, Li D, et al. Identifying coal mine safety production risk factors by employing text mining and Bayesian network techniques ［J］. Process Safety and Environmental Protection, 2022, 162: 1067 − 1081.

［58］ Brown D E. Text mining the contributors to rail accidents ［J］. IEEE Transactions on Intelligent Transportation Systems, 2015, 17 (2): 346 − 355.

［59］ Vomlel J, Kratochvíl V, Kratochvíl F. Structural learning of mixed noisy − OR Bayesian networks ［J］. International Journal of Approximate Reasoning, 2023, 161: 108990.

［60］ 陈婷. 高速公路施工坍塌事故风险动态管理研究 ［D］. 成都: 西华大学, 2022.

［61］ Ulak M B, Yazici A, Zhang Y. Analyzing network − wide patterns of rail transit delays using Bayesian network learning ［J］. Transportation Research Part C: Emerging Technologies, 2020, 119: 102749.

［62］ Romessis C, Mathioudakis K. Bayesian network approach for gas path fault diagnosis ［C］. Turbo Expo: Power for Land, Sea, and Air, 2004: 41677.

［63］ Sutrisnowati R A, Bae H, Song M. Bayesian network construction from event log for lateness analysis in port logistics ［J］. Computers & Industrial Engineering, 2015, 89: 53 − 66.

［64］ Aghaabbasi M, Shekari Z A, Shah M Z, et al. Predicting the use frequency of ride − sourcing by off − campus university students through random forest and Bayesian network techniques ［J］. Transportation Research Part A: Policy and Practice, 2020, 136: 262 − 281.

［65］ 李静文, 张哨军, 周湛林. 基于贝叶斯网络的装配式建筑安全风险研究 ［J］. 建筑经济, 2023, 44 (S2): 597 − 601.

［66］ Yu Y, Shuai B, Huang W. Resilience evaluation of train control on − board system based on multi − dimensional continuous − time Bayesian network ［J］. Reliability Engineering & System Safety, 2024, 246: 110099.

［67］ 赵振武, 贾朋霖. 融合改进 D − S 理论与贝叶斯网络的机场旅客风险研究 ［J］. 安全与环境学报, 2023, 23 (12): 4425 − 4434.

［68］ Domeh V, Obeng F, Khan F, et al. An operational risk awareness tool for small fishing vessels operating in harsh environment ［J］. Reliability Engineering & System Safety, 2023, 234: 109139.

［69］ Sahin O, Stewart R A, Faivre G, et al. Spatial Bayesian Network for predicting sea level rise induced coastal erosion in a small Pacific Island ［J］. Journal of Environmental Management, 2019, 238: 341 – 351.

［70］ 王军武, 陆超. 关联性视角下装配式建筑工程吊装事故致因机理分析 ［J］. 安全与环境学报, 2021, 21 (03): 1158 – 1164.

［71］ 秦荣水, 石晨晨, 陈超, 等. 基于模糊贝叶斯网络的城市商业综合体火灾风险分析 ［J］. 中国安全科学学报, 2023, 33 (12): 176 – 182.

［72］ 张江石, 冯娜娜. 基于动态贝叶斯网络情景推演的危化品事故应急处置研究 ［J］. 安全与环境学报, 2020, 20 (04): 1420 – 1426.

［73］ 瞿英, 王旭茗, 王玉恒, 等. 基于多态模糊贝叶斯网络的城市燃气管道事故风险预测与诊断研究 ［J］. 河北科技大学学报, 2023, 44 (04): 411 – 420.

［74］ Chen G, Li G, Xie M, et al. A probabilistic analysis method based on Noisy – OR gate Bayesian network for hydrogen leakage of proton exchange membrane fuel cell ［J］. Reliability Engineering & System Safety, 2024, 243: 109862.

［75］ 梁卫征, 崔凯鑫, 张瑞成. 基于 HMM 和 BN 的精轧过程故障传播路径识别 ［J］. 锻压技术, 2023, 48 (12): 163 – 169.

［76］ Song Y, Cho Y, Kim K. Monitoring and stability analysis of a coal mine waste heap slope in Korea: Engineering Geology for Society and Territory – Volume 2: Landslide Processes ［C］, 2015. Springer.

［77］ 袁子清, 杨小聪, 张达, 等. 一种用于尾矿库干滩长度在线监测的新方法 ［J］. 中国安全生产科学技术, 2014, 10 (07): 71 – 75.

［78］ 崔春晓, 朱自强, 杨光轩, 等. 基于 GNSS 技术的排土场边坡监测及稳定性研究 ［J］. 中国矿业, 2020, 29 (03): 94 – 99.

［79］ 李爱陈, 池恩安, 马建军, 等. GPS 实时监测系统在露天边坡变形监测中的应用 ［J］. 采矿技术, 2020, 20 (01): 140 – 144.

［80］ 王立文, 曹立忠, 王昊, 等. 真实孔径边坡雷达在白音华三号矿的应用 ［J］. 露天采矿技术, 2023, 38 (01): 29 – 31.

［81］ 李晓新, 王吉宇, 牛昱光. 基于高密度电阻率法的尾矿坝浸润线监测系统设计 ［J］. 工矿自动化, 2013, 39 (04): 20 – 23.

［82］ 赵红霞, 吴鑫, 罗筱毓, 等. 尾矿砂介质渗流过程诱发声发射信号特征试验研究 ［J］. 中国安全生产科学技术, 2021, 17 (09): 97 – 102.

［83］ Emel J, Plisinski J, Rogan J. Monitoring geomorphic and hydrologic change at mine sites using satellite imagery: The Geita Gold Mine in Tanzania [J]. Applied Geography, 2014, 54: 243 – 249.

[84] Pajares G. Overview and current status of remote sensing applications based on unmanned aerial vehicles (UAVs) [J]. Photogrammetric Engineering & Remote Sensing, 2015, 81 (4): 281 – 329.

[85] Peternel T, Kumelj Š, Oštir K, et al. Monitoring the Potoška planina landslide (NW Slovenia) using UAV photogrammetry and tachymetric measurements [J]. Landslides, 2017, 14: 395 – 406.

[86] 陈凯, 陆得盛, 金枫, 等. 极端气象条件下金属矿山尾矿库在线监测系统研究 [J]. 矿冶, 2014, 23 (05): 81 – 85.

[87] 王利岗, 张达, 杨小聪, 等. 某尾矿库基于 ZigBee 传感网络的在线监测系统 [J]. 有色金属工程, 2014, 4 (03): 74 – 77.

[88] 王飞跃, 杨铠腾, 徐志胜, 等. 基于浸润线矩阵的尾矿坝稳定性分析 [J]. 岩土力学, 2009, 30 (03): 840 – 844.

[89] 李全明. 尾矿库上覆排土场工程危险源辨识及安全评估技术研究 [J]. 中国安全生产科学技术, 2013, 9 (07): 38 – 43.

[90] 崔博, 王光进, 刘文连, 等. 强降雨条件下孔隙气压作用的高台阶排土场渗流与稳定性 [J]. 工程科学学报, 2021, 43 (03): 365 – 375.

[91] Cao Y, Yin K, Alexander D E, et al. Using an extreme learning machine to predict the displacement of step – like landslides in relation to controlling factors [J]. Landslides, 2016, 13: 725 – 736.

[92] 邱俊博, 胡军. 基于 ELM 的尾矿坝浸润线预测 [J]. 有色金属工程, 2021, 11 (02): 103 – 109.

[93] Tayfur G, Swiatek D, Wita A, et al. Case study: Finite element method and artificial neural network models for flow through Jeziorsko earthfill dam in Poland [J]. Journal of Hydraulic Engineering, 2005, 131 (6): 431 – 440.

[94] Zhou C, Yin K, Cao Y, et al. Application of time series analysis and PSO – SVM model in predicting the Bazimen landslide in the Three Gorges Reservoir, China [J]. Engineering geology, 2016, 204: 108 – 120.

[95] 刘迪, 李俊平. 尾矿坝安全研究方法综述 [J]. 西安建筑科技大学学报（自然科学版）. 2017, 49 (06): 910 – 918.

[96] 华国威, 娄彦彬, 王世杰, 等. 基于 PCA – BBO – SVM 的尾矿坝变形预测模型与性能验证研究 [J]. 中国安全生产科学技术. 2022, 18 (09): 20 – 26.

[97] 易思成, 康喜明, 吴浩, 等. 基于多点关联性的尾矿坝位移监测序列异常值诊断 [J]. 中国安全生产科学技术. 2022, 18 (06): 45 – 51.

［98］ Chen G Q, Huang R Q, Xu Q, et al. Progressive modelling of the gravity – induced landslide using the local dynamic strength reduction method ［J］. Journal of Mountain Science. 2013, 10：532 – 540.

［99］ Tang H, Zou Z, Xiong C, et al. An evolution model of large consequent bedding rockslides, with particular reference to the Jiweishan rockslide in Southwest China ［J］. Engineering Geology. 2015, 186：17 – 27.

［100］ Song Y S, Cho Y C, Kim K S. Monitoring and stability analysis of a coal mine waste heap slope in Korea ［M］. Springer International Publishing, 2015.

［101］ 尚敏, 张惠强, 廖芬, 等. 考虑降雨滞后效应的八字门滑坡位移预测研究 ［J］. 自然灾害学报. 2022, 31 (03)：242 – 250.

［102］ 麦鉴锋, 冼宇阳, 刘桂林. 气候变化情景下广东省降雨诱发型滑坡灾害潜在分布及预测 ［J］. 地球信息科学学报. 2021, 23 (11)：2042 – 2054.

［103］ 丛凯, 魏洁, 杨亚兵, 等. 基于坡表变形分析与降雨响应模拟的立节北山滑坡运动特征 ［J］. 地质科技通报. 2022, 41 (06)：54 – 65.

［104］ 晏同珍. 滑坡预测预报的基础及我国主要滑坡岩组特征的确定 ［J］. 地球科学. 1985 (01)：9 – 19.

［105］ Zheng X, He G, Wang S, et al. Comparison of machine learning methods for potential active landslide hazards identification with multi – source data ［J］. ISPRS International Journal of Geo – Information. 2021, 10 (4)：253.

［106］ Kuradusenge M, Kumaran S, Zennaro M. Rainfall – induced landslide prediction using machine learning models：The case of ngororero district, Rwanda ［J］. International Journal of Environmental Research and Public Health. 2020, 17 (11)：4147.

［107］ Liu Z, Xu W, Shao J. Gauss Process based approach for application on landslide displacement analysis and prediction ［J］. Computer Modeling in Engineering & Sciences. 2012, 84 (2)：99 – 122.

［108］ 陈波, 刘庭赫, 黄梓莘, 等. 库岸边坡运行的实时风险率量化模型和预警方法 ［J］. 水利学报. 2022, 53 (03)：333 – 347.

［109］ 谈小龙, 徐卫亚, 梁桂兰, 等. 高边坡变形非线性时变统计模型研究 ［J］. 岩土力学. 2010, 31 (05)：1633 – 1637.

［110］ 刘红岩, 阎锡东, 张小趁, 等. 滑坡运动距离预测的统计模型及其改进 ［J］. 灾害学. 2022, 37 (04)：6 – 10.

［111］ Qin S, Jiao J J, Wang S. A nonlinear dynamical model of landslide evolution ［J］. Geomorphology.

2002，43（1－2）：77－85.

[112] Du J, Yin K, Lacasse S. Displacement prediction in colluvial landslides, three Gorges reservoir, China［J］. Landslides. 2013，10：203－218.

[113] Cao Y, Yin K, Alexander D E, et al. Using an extreme learning machine to predict the displacement of step－like landslides in relation to controlling factors［J］. Landslides. 2016，13：725－736.

[114] 张抒，唐辉明，龚文平，等. 基于物理力学机制的滑坡数值预报模式：综述、挑战与机遇［J］. 地质科技通报. 2022，41（06）：14－27.

[115] Tien Bui D, Shahabi H, Omidvar E, et al. Shallow landslide prediction using a novel hybrid functional machine learning algorithm.［J］. Remote Sensing. 2019，11（8）：931.

[116] Tran Q C, Minh D D, Jaafari A, et al. Novel ensemble landslide predictive models based on the hyperpipes algorithm：a case study in the Nam Dam Commune, Vietnam［J］. Applied Sciences. 2020，10（11）：3710.

[117] 张炎，刘立龙，蒙金龙，等. 多元宇宙算法在大坝水平位移预测中的应用［J］. 测绘科学. 2022，47（11）：48－55.

[118] 王志颖，李宗春，许文学. 用于边坡变形分析与预测的 PSO－Prophet 模型［J］. 岩石力学与工程学报. 2021，40（S1）：2643－2652.

[119] Kavzoglu T, Colkesen I, Sahin E K. Machine learning techniques in landslide susceptibility mapping：a survey and a case study.［J］. Landslides：Theory, Practice and Modelling. 2019：283－301.

[120] Pham V D, Nguyen Q H, Nguyen H D, et al. Convolutional neural network—optimized moth flame algorithm for shallow landslide susceptible analysis［J］. IEEE Access. 2020，8：32727－32736.

[121] Wu L, Zhou J T, Zhang H, et al. Time series analysis and gated recurrent neural network model for predicting landslide displacements.［J］. Georisk：Assessment and Management of Risk for Engineered Systems and Geohazards. 2022：1－14.

[122] Xing Y, Yue J, Chen C. Interval estimation of landslide displacement prediction based on time series decomposition and Long Short－Term Memory network［J］. IEEE Access. 2020，8：3187－3196.

[123] 金爱兵，张静辉，孙浩，等. 基于 SSA－SVM 的边坡失稳智能预测及预警模型［J］. 华中科技大学学报（自然科学版）. 2022，50（11）：142－148.

[124] 孙翊文，王宇璐，傅昆，等. 交互门控循环单元及其到达时间估计中的应用［J］. 中国科学：信息科学. 2021，51（05）：822－833.

[125] 詹明强，陈波，刘庭赫，等. 基于变权重组合预测模型的混凝土坝变形预测研究［J］. 水电

能源科学. 2022, 40 (09): 115 - 119.

[126] Zhou X. Tool remaining useful life prediction method based on LSTM under variable working conditions [J]. The International Journal of Advanced Manufacturing Technology. 2019, 104 (9a12).

[127] 顾阔, 焦瑞莉, 薄宇, 等. 基于复合 LSTM 模型的 PM_(2.5) 浓度预测 [J]. 中国环境监测. 2023, 39 (01): 170 - 180.

[128] 郭子正, 杨玉飞, 何俊, 等. 考虑注意力机制的新型深度学习模型预测滑坡位移 [J]. 地球科学. 2023: 1 - 21.

[129] 张振坤, 张冬梅, 李江, 等. 基于多头自注意力机制的 LSTM - MH - SA 滑坡位移预测模型研究 [J]. 岩土力学. 2022, 43 (S2): 477 - 486.

[130] 李全明, 田文旗, 王云海. 尾矿库在线监测系统中位移数据分析方法探讨 [J]. 中国安全生产科学技术. 2011, 7 (8): 52 - 57.

[131] 王昆, 杨鹏, Karen, 等. 尾矿库溃坝灾害防控现状及发展 [J]. 工程科学学报. 2018, 40 (05): 526 - 539.

[132] 于广明, 宋传旺, 潘永战, 等. 尾矿坝安全研究的国外新进展及我国的现状和发展态势 [J]. 岩石力学与工程学报. 2014, 33 (S1): 3238 - 3248.

[133] 甄智鑫. 基于复杂网络的尾矿库事故隐患演化规律及风险表征 [D]. 北京: 北京科技大学, 2022.

[134] 魏勇, 许开立, 郑欣. 浅析国内外尾矿坝事故及原因 [J]. 金属矿山, 2009 (07): 139 - 142.

[135] Azam, Shahid, and Qiren Li. Tailings dam failures: a review of the last one hundred years [C]. Geotechnical News, 2010, 28 (04): 50 - 54.

[136] 李兴兵. 基于文本挖掘的道路交通事故风险因素分析 [J]. 智能城市, 2023, 9 (08): 14 - 16.

[137] 王敏烨, 梁宏毅, 夏里, 等. 基于文本挖掘的汽车市场质量评价模型 [J]. 安徽科技, 2023 (08): 44 - 49.

[138] 刘佳错, 李敏. 基于文本挖掘的蚕丝被在线评论分析——以京东商城为例 [J]. 丝绸, 2023, 60 (08): 11 - 20.

[139] Dang S. Text Mining: Techniques and its application [J]. International Journal of Enginerring & Technology Innnovation, 2014, 1: 22 - 25.

[140] Gupta V, Lehal G. A Survey of text mining techniques and applications [J]. Journal of Emerging Technologies in Web Intelligence, 2009, 1.

［141］王光进，崔周全，刘文连，等. 尾矿库溃坝事故案例分析［M］. 北京：冶金工业出版社，2022.

［142］赵怡晴，李仲学，覃璇，等. 尾矿库隐患与风险的表征理论及模型［M］. 北京：冶金工业出版社，2016.

［143］Chronology of major tailings dam failures［EB/OL］. https：//www. wise - uranium. org/mdaf. html.

［144］石凤贵. 中文文本分词及其可视化技术研究［J］. 现代计算机，2020（12）：131 - 138.

［145］潘亚星. 基于 Python 的词云生成研究——以柴静的《看见》为例［J］. 电脑知识与技术，2019，15（24）：8 - 10.

［146］冯楚璇. 塔式起重机事故致因因素数据库平台研究［D］. 武汉：华中科技大学，2022.

［147］周科平，刘福萍，胡建华，等. 尾矿库溃坝灾害链及断链减灾控制技术研究［J］. 灾害学，2013，28（03）：24 - 29.

［148］Agrawal R，Imielinski T，Swami A N. Mining association rules between sets of items in large databases［J］. ACM SIGMOD Record，1993，22：207 - 216.

［149］景国勋，秦洪利，蒋方. 基于 Apriori 算法的煤矿安全事故分析［J］. 安全与环境学报：1 - 9.

［150］张玉宽，王喆，张秋月，等. 基于数据挖掘分析耳穴治疗偏头痛的选穴规律［J］. 上海针灸杂志：1 - 7.

［151］邹红波，张馨煜，李奇隆. 基于关联规则和多元状态估计的汽轮机故障预警算法［J］. 吉林大学学报（工学版）：1 - 7.

［152］Liao C，Perng Y. Data mining for occupational injuries in the Taiwan construction industry［J］. Safety Science，2008，46：1091 - 1102.

［153］Mirabadi A，Sharifian S. Application of association rules in Iranian Railways（RAI）accident data analysis［J］. Safety Science - SAF SCI，2010，48：1427 - 1435.

［154］Brin S，Motwani R，Ullman J D，et al. Dynamic itemset counting and implication rules for market basket data［J］. Sigmod Record，1997：255 - 264.

［155］孟光磊，丛泽林，宋彬，等. 贝叶斯网络结构学习综述［J］. 北京航空航天大学学报：1 - 24.

［156］柴慧敏，王宝树. 态势评估中的贝叶斯网络模型研究［J］. 西安电子科技大学学报，2009，36（03）：491 - 495.

［157］王乾，赵杰，王要善. 基于 PSO - BP 组合模型的尾矿坝变形预测［J］. 地理空间信息. 2022，20（11）：119 - 122.

［158］赵小稚. 尾矿坝变形规律的灰色 Verhulst 预测［J］. 中国安全生产科学技术. 2012，8（11）：

90 - 94.

[159] 曾元勇. 水位变动对库岸土质滑坡变形影响分析 [J]. 地质灾害与环境保护. 2022, 33 (04)：80 - 84.

[160] 熊怡, 周建中, 孙娜, 等. 基于自适应变分模态分解和长短期记忆网络的月径流预报 [J]. 水利学报. 2022：1 - 13.

[161] 刘廷元, 刘纾曼. 网络计量学和替代计量学的挑战及其社会影响的稳健和非稳健计量评价 [J]. 情报学报. 2022, 41 (10)：1044 - 1058.

[162] 孟杰, 李春林. 基于随机森林模型的分类数据缺失值插补 [J]. 统计与信息论坛. 2014, 29 (09)：86 - 90.

[163] Fayyad U, Piatetsky - Shapiro G, Smyth P. From data mining to knowledge discovery in databases [J]. AI Magazine. 1996, 17 (3)：37.

[164] 姚登举, 杨静, 詹晓娟. 基于随机森林的特征选择算法 [J]. 吉林大学学报 (工学版). 2014, 44 (01)：137 - 141.

[165] Xue J, Shen B. A novel swarm intelligence optimization approach：sparrow search algorithm [J]. Systems Science and Control Engineering. 2020, 8 (1)：22 - 34.

[166] 王鑫, 吴际, 刘超, 等. 基于 LSTM 循环神经网络的故障时间序列预测 [J]. 北京航空航天大学学报. 2018, 44 (04)：772 - 784.

[167] 张驰, 郭媛, 黎明. 人工神经网络模型发展及应用综述 [J]. 计算机工程与应用. 2021, 57 (11)：57 - 69.

[168] 曾国治, 魏子清, 岳宝, 等. 基于 CNN - RNN 组合模型的办公建筑能耗预测 [J]. 上海交通大学学报. 2022, 56 (09)：1256 - 1261.

[169] 曹文治, 苏雅, 曾阳艳, 等. 基于 EEMD - LSTM - SVR 的水质预测模型 [J]. 系统工程. 1 - 11.

[170] 陆秋琴, 潘婉琪, 黄光球. 区域 VOCs 聚集态势 RF - LSTM 智能感知方法 [J]. 安全与环境学报. 2022, 22 (05)：2832 - 2844.

[171] 郝玉莹, 赵林, 孙同, 等. 基于 RF - LSTM 的地表水体水质预测 [J]. 水资源与水工程学报. 2021, 32 (06)：41 - 48.